Full BASIC・C言語　対応

情報技術検定試験

3級テキスト

解　　答

第1章　コンピュータと社会

1. コンピュータの発達 (p.3)

問1　①ウ　②エ　③イ　④ア

問2　①カ　②エ　③イ　④オ　⑤ア
　　　⑥ウ　⑦キ

2. 情報化社会 (p.6)

問1　①ウ　②ア　③オ　④エ　⑤イ

問2　①オ　②ア　③イ　④ウ　⑤エ

問3　①イ　②ア　③オ　④ウ　⑤エ

問4　①エ　②イ　③オ　④ウ　⑤ア

問5　①ウ　②エ　③ア　④イ　⑤オ

問6　①×　②○　③○　④×　⑤×
　　　⑥×　⑦×　⑧×

第2章　数の表現と論理

1. 2進数と16進数 (p.12～p.15)

10進数 ⇨ 2進数 (p.12)

問　①1111　②1010　③111
　　④101　⑤10010　⑥100110

問　①$(11100)_2$　②$(100101)_2$　③$(111110)_2$
　　④$(10000010)_2$　⑤$(11111111)_2$

2進数 ⇨ 10進数 (p.13)

問1　①2　②7　③9　④15

問2　①12　②13　③11　④8
　　　⑤17　⑥42

16進数 ⇔ 10進数 (p.14)

問1　
①
$$= \begin{array}{|c|} \hline 1 \\ \times \\ 16 \\ \hline \end{array} + \begin{array}{|c|} \hline 9 \\ \times \\ 1 \\ \hline \end{array} = (25)_{10}$$
($(1\quad9)_{16}$)

②
$$= \begin{array}{|c|} \hline 2 \\ \times \\ 16 \\ \hline \end{array} + \begin{array}{|c|} \hline 8 \\ \times \\ 1 \\ \hline \end{array} = (40)_{10}$$
($(2\quad8)_{16}$)

③
$$= \begin{array}{|c|} \hline 10 \\ \times \\ 16 \\ \hline \end{array} + \begin{array}{|c|} \hline 12 \\ \times \\ 1 \\ \hline \end{array} = (172)_{10}$$
($(A\quad C)_{16}$)

④
$$= \begin{array}{|c|} \hline 14 \\ \times \\ 16 \\ \hline \end{array} + \begin{array}{|c|} \hline 11 \\ \times \\ 1 \\ \hline \end{array} = (235)_{10}$$
($(E\quad B)_{16}$)

問2　①$(D)_{16}$　②$(26)_{16}$　③$(F0)_{16}$　④$(BF)_{16}$

2進数 ⇔ 16進数 (p.15)

問1　①$(9)_{16}$　②$(D)_{16}$　③$(5)_{16}$
　　　④$(3)_{16}$　⑤$(F)_{16}$

問2　①$(99)_{16}$　②$(C5)_{16}$　③$(E6)_{16}$
　　　④$(47)_{16}$　⑤$(1D)_{16}$

問3　①$(1111)_2$　②$(11110001)_2$
　　　③$(100100)_2$　④$(1111000)_2$
　　　⑤$(11010011)_2$

2. 2進数の計算 (p.17～p.19)

問 (p.17)　①10000　②10001　③1111
　　　　④10100　⑤11000

問 (p.18)　①110　②101　③101
　　　　④11　⑤1000

問 (p.19)　①10101　②100011　③110111
　　　　④110110　⑤11010

3. 論理回路 (p.22～p.23)

問1　① NOT　② $\overline{A}$　③ AND
　　　④ $A \cdot B$　⑤ OR　⑥ $A+B$

問2　①イケ　②アコ　③エク
　　　④ウカ　⑤オキ

問3

入　力		①～③の状態		
A	B	①	②	③
0	0	0	1	1
0	1	0	0	0
1	0	0	1	1
1	1	1	0	1

問4　①ア
　　　②イ
　　　③イ

問 (p.25)

A	B	X_1	$\overline{B}$	X
0	0	0	1	1
0	1	1	0	1
1	0	1	1	0
1	1	0	0	0

練 習 問 題 (p.25)

① 同じ働きをする回路 ⇨ カ

A	B	$\overline{A}$	$\overline{B}$	X
0	0	1	1	1
0	1	1	0	1
1	0	0	1	1
1	1	0	0	0

② 同じ働きをする回路 ⇨ ウ

A	B	$\overline{A}$	$\overline{B}$	X
0	0	1	1	0
0	1	1	0	1
1	0	0	1	1
1	1	0	0	0

2章 総合問題 (p.26)

1　1.　① ビット　② バイト　③ 16
　　　④ 256　⑤ 31
　　2.　① 100011　② 23　③ 165
　　3.　① 11001　② 10　③ 110010
　　4.　① ウ　② オ　③ イ
　　　④ ア
2　1.　① 10111　② 111　③ 1001110
　　2.　(37)$_{10}$
　　3.　(4E)$_{16}$
　　4.　(1) ① 0　② 0　③ 1　④ 0　⑤ オ
　　　(2) ① 0　② 1　③ 1　④ 0　⑤ エ

第3章　コンピュータの構成とはたらき

1. コンピュータの基本構成 (p.31)
　　問1　①イ　②エ　③ウ　④オ　⑤ア
　　問2　①オ　②エ　③ア　④ウ　⑤イ
　　問3　①ウ　②エ　③オ　④オ　⑤ウ
　　　⑥オ　⑦エ　⑧オ　⑨カ
　　問4　①オ　②イ　③エ　④ウ　⑤ア

2. コンピュータの周辺装置 (p.33)
　　問1　①キ　②イ　③カ　④ウ　⑤ア
　　　⑥エ　⑦オ　⑧ク
　　問2　①オ　②エ　③ウ　④ア　⑤イ
　　　⑥カ
　　問3　①イ　②エ　③ア　④ウ　⑤オ
　　問4　①オ　②イ　③エ　④ア　⑤ウ

第4章　コンピュータの利用

1. ソフトウェアの基礎 (p.39)
　　問1　①ア　②オ　③ウ　④エ　⑤イ
　　問2　①オ　②エ　③ア　④ウ　⑤イ
　　問3　①ク　②キ　③イ　④ウ　⑤カ
　　　⑥ア　⑦エ　⑧オ
　　問4　①ウ　②ア　③イ　④エ
　　問5　①ウ　②エ　③ア　④イ　⑤オ
　　　⑥キ　⑦カ

2. マルチメディア (p.42)
　　問1　①イ　②エ　③ウ
　　問2　①オ　②ア　③カ　④キ　⑤ウ
　　　⑥イ
　　問3　①イ　②ア　③オ　④カ　⑤エ
　　　⑥ウ

3. ネットワーク (p.46〜p.48)
　　問1　①イ　②ア　③エ　④ウ
　　問2　①オ　②エ　③ウ　④ア　⑤イ
　　　⑥カ　⑦キ
　　問3　①ウ　②オ　③エ　④イ　⑤ア
　　問4　①カ　②オ　③ア　④ウ　⑤エ
　　問5　①キ　②ウ　③コ　④ア　⑤カ
　　　⑥ケ　⑦エ　⑧オ　⑨イ　⑩ク
　　問6　①オ　②ア　③イ　④エ　⑤ウ
　　問7　①エ　②オ　③イ　④ウ　⑤ア
　　問8　①エ　②ク　③ア　④ウ　⑤カ
　　　⑥オ　⑦キ　⑧イ

第5章　アルゴリズム

1. 直線型 (p.51)
　　問1　①ア　②ウ　③カ
　　問2　①イ　②カ　③ウ
　　問3　①イ　②エ　③オ
　　問4　①イ　②エ　③オ
　　問5　①オ　②ウ　③イ

2. 分岐型 (p.54〜p.55)
　　問1　①ア　②エ　③オ
　　問2　①ア　②オ　③カ
　　問3　①ウ　②ア　③オ
　　問4　①オ　②ア　③エ
　　問5　①ア　②エ　③オ

3. 繰返し型　1 (p.57)
　　〜前判定による繰返しとトレース〜
　　問1　①ア　②オ　③エ
　　問2　①イ　②オ　③ウ
　　問3　①ア　②エ　③オ

4. 繰返し型　2 (p.59)
　　〜ループ端記号による繰返し処理〜
　　問1　①エ　②イ　③オ
　　問2　①ア　②ウ　③カ
　　問3　①イ　②ウ　③カ
　　問4　①ア　②エ　③オ

（1章〜5章のまとめ）

模擬試験 Ⅰ (p.61〜p.62)

1　問1　(1) イ　(2) エ　(3) オ　(4) ウ　(5) ア
　　問2　(1) オ　(2) ウ　(3) ア　(4) イ　(5) エ

2　問1　① (000) 1 0101　② 15　③ 55　④ 37
　　　　⑤ 1100 0010　⑥ 194
　　問2　(1) 1 0100　(2) (0) 111
　　問3　(1) ① 1　② 0　③ 1　④ 0
　　　　(2) イ
　　問4　① エ　② ア

3　① ア　② ウ　③ カ

4　① ア　② エ　③ オ

5　① ア　② ウ　③ オ

（1章〜5章のまとめ）

模擬試験 Ⅱ (p.63〜p.64)

1　問1　(1) カ　(2) エ　(3) イ　(4) ウ　(5) オ
　　問2　(1) ア　(2) エ　(3) ウ　(4) オ　(5) イ

2　問1　① 1101　② D　③ 39　④ 27
　　　　⑤ 100 0010　⑥ 66
　　問2　(1) 1 0011　(2) 0010 または 10
　　問3　(1) エ　(2) キ　(3) ク　(4) ウ

3　① カ　② ウ　③ ア

4　① ウ　② イ　③ カ

5　① イ　② オ　③ エ

（1章〜5章のまとめ）

模擬試験 Ⅲ (p.65〜p.66)

1　問1　① キ　② イ　③ カ　④ ア　⑤ エ
　　問2　(1) ア　(2) ウ　(3) イ　(4) キ
　　　　(5) オ

2　問1　① 1000　② 8　③ 11010　④ 1A
　　　　⑤ 57　⑥ 39
　　問2　(1) 1 0000　(2) 100
　　問3　① イ　② オ　③ ウ　④ エ

3　① ア　② ウ　③ カ

4　① ウ　② オ　③ カ

5　① イ　② ウ　③ カ

第6章-1　プログラム作成能力
～Full BASIC～

1. 直線型プログラミング　1 (p.71)
問1　(1) ① 82　② 408
　　　(2) ① 5　② 12　③ 7
問2　① オ　② イ　③ カ　④ エ
　　　(①と②は入れ替わってもよい)

2. 直線型プログラミング　2 (p.73)
問1　① B　　　　② V　　　③ PRINT
問2　① Y　　　　② L　　　③ S
問3　① INPUT　② S　　　③ PRINT
問4　① INPUT　② R*R (R^2 でもよい)
　　　③ PRINT
問5　① H　　　　② R^2 (R*R でもよい)
　　　③ V
問6　① (A+B)*H/2　② PRINT　③ S
問7　① INT(B/N)　② MOD(B,N)③ A
問8　① SQR　② TEI^2　③ TAK^2
　　　(②と③は入れ替わってもよい)
問9　① K　　　② TAN(R)　③ H

3. 分岐型プログラミング (p.77)
問1　① A>B　　　② ELSE　　③ END IF
問2　① A>B　　　② B　　　③ DMY
問3　① M=A　　　② M=B　　③ M=C
問4　① INPUT　② OK　　　③ NG
問5　① INPUT　② <　　　③ N
問6　① MOD(S,2)② =　　　③ ELSE

4. 繰返し型プログラミング
FOR～NEXT 文 (p.80)
問1　① 0　　　　② 5　　　③ K*K
問2　① -1　　　② 1　　　③ 2
問3　① FOR　　② K　　　③ TOTAL
問4　① FOR　　② 2　　　③ WA+M
問5　① N　　　　② INPUT　③ D
問6　① INPUT　② 1　　　③ A*C

FOR～NEXT 文と IF・THEN 文 (p.83)
問1　① MOD(N,2)② 偶数　③ 奇数
問2　① INPUT　② >=　　③ C
問3　① T　　　② 2　　　③ >
問4　① 0　　　　② IF　　③ GOU+M

～JIS Full BASIC～
模擬試験 Ⅰ (p.85)

1　① 16　　② 24　　③ 28
2　① INPUT PROMPT　② SQR　③ A*B
3　① =　　　② PRINT　③ ELSE
4　① N　　　② I　　　③ >

～JIS Full BASIC～
模擬試験 Ⅱ (p.86)

1　① 10　② 12　③ 13
2　① 100　② 0.08　③ 0.1
3　① I=1　② INPUT　③ SUM
4　① 1　　② <　　③ N

～JIS Full BASIC～
模擬試験 Ⅲ (p.88)

1　① INPUT　② R　　③ PRINT
2　① 6　　② 4　　③ 12
3　① V0　② 6　　③ 1
4　① 2　　② M=0　③ CNT

第6章 - 2　プログラム作成能力
～C言語～

1. 直線型プログラミング 1 (p.95)
問1　① 5　　　　　② 1 2　　　③ 7
問2　① a + b + c + d + e　　② goukei
　　　③ heikin

2. 直線型プログラミング 2 (p.97)
問1　① & b　　　② v　　　　③ % d
問2　① y　　　　② k　　　　③ s
問3　① scanf　② s　　　　③ printf
問4　① scanf　② r * r　　③ printf
問5　① & h　　② r * r　　③ v
問6　① (a + b) * h / 2.0　② printf　③ s
問7　① (b / n)　② b % n　　③ a
問8　① sqrt　② tei * tei
　　　③ tak * tak（②と③は入れ替わってもよい）
問9　① & K　　② tan (r)　③ h

3. 分岐型プログラミング (p.102)
問1　① a > b　　　② else　　③ b
問2　① a > b　　　② b　　　③ dmy
問3　① m = a　　　② m = b　　③ m = c
問4　① scanf　　② OK　　　③ NG
問5　① scanf　　② <　　　③ n
問6　① s % 2　　② = =　　③ else

4. 繰返し型プログラミング
～for 文による繰返し I ～ (p.106)
問1　① 0　　　　② k + 5　　③ k * k
問2　① - 1　　　② 1　　　　③ 2
問3　① for　　　② k　　　　③ total
問4　① for　　　② m = m + 2　③ wa + m
問5　① n　　　　② scanf　　③ d
問6　① scanf　　② <=　　　③ a * c

～for 文による繰返し II ～ (p.110)
問1　① n % 2　　② 奇数　　③ 偶数
問2　① scanf　　② 1 2 8　　③ c
問3　① t　　　　② 2　　　　③ >
問4　① 0　　　　② if　　　③ gou + u

～C言語～
模擬試験 I (p.112)
① ① 1 6　　　② 2 4　　　③ 2 8
② ① scanf　② sqrt　　③ a * b
③ ① = =　　② printf　③ else
④ ① n　　　② i　　　　③ >

～C言語～
模擬試験 II (p.113)
① ① 1 0　　　② 1 2　　　③ 1 3
② ① 1 0 0　　② 0.08　　③ 0.1
③ ① i = 1　　② scanf　③ sum
④ ① 1　　　② <　　　③ n

～C言語～
模擬試験 III (p.114)
① ① scanf　② & r　　③ printf
② ① 6　　　② 4　　　③ 1 2
③ ① & v 0　　② 6　　　③ t + +
　（③は t = t + 1 でもよい）
④ ① 2　　　② m = = 0　③ cnt

全国工業高等学校長協会主催

Full BASIC・C言語 対応

情報技術検定試験

3級テキスト

資格試験研究会　編

梅 田 出 版

もくじ

第6章 - 1　プログラム作成能力

～ Full BASIC ～ 67

第6章 - 2　プログラム作成能力

～ C 言 語 ～ 91

3級情報技術検定試験について

1. 主　　催　　公益社団法人　全国工業高等学校長協会

2. 後　　援　　文部科学省

3. 目　　的　　工業技術者として必要な基礎的情報技術に関する知識と技能が習得されているかを検定する。

4. 会　　場　　受検を希望する学校

5. 受検資格　　高等学校在校生，及び会場校責任者が認めた者。

6. 検定方法　　筆記試験

7. 検 定 料　　600 円（税込）

8. 合格基準　　70 点以上

9. 内容・時間・配点

   ○ 内　　容
   1. コンピュータと社会
   2. 数の表現と論理
   3. コンピュータの構成と利用
   4. アルゴリズム
   5. プログラム作成能力【JIS Full BASIC または C 言語のいずれかを選択】
      （ただし、繰返し処理は FOR 文のみとする）。

   ○ 試験時間　　50 分

   ○ 配　　点　　100 点

詳細は

公益社団法人　全国工業高等学校長協会

電　話　⇨ 03-3261-1500

web サイト ⇨ http://www.zenkoukyo.or.jp/

でご確認ください。

第1章

コンピュータ と 社会

1. コンピュータの発達

(1) コンピュータの歴史

第1世代 真空管の時代	1940 年代になると，電気で動作する計算機として，リレーと歯車を用いた電気機械式の自動計算機が発明された。1946 年には**真空管**を用いた世界初のコンピュータとなる **ENIAC**（エニアック）が開発され，配線による計算手順で大砲の弾道計算を行った。　1949 年には現在のコンピュータの考え方に近い **EDSAC**（フォン・ノイマンが提唱したプログラム内蔵方式を採用）が開発された。
第2世代 トランジスタの時代	アメリカ・ベル研究所のショックレーらによって発明された**トランジスタ**が，1960 年頃にはコンピュータにおいて真空管の代わりに利用され，小型で信頼性が高く，FORTRAN などの言語が開発され演算速度が速くなった。
第3世代 IC，LSI の時代	1960 年 IBM360 シリーズにより，**集積回路（IC：Integrated Circuit）**が使用され，オペレーティングシステムやオンライン処理，タイムシェアリングなどが実用化された。　また，**大規模集積回路（LSI：Large Scale Integuration）**が使用されるようになり，マイクプロセッサ技術により，ミニコンピュータ，マイクロコンピュータ等が普及してきた。
第4世代 超 LSI の時代	1970 年頃から，**超大規模集積回路（VLSI：Very Large Scale Integration）**が開発され，低価格のパソコン，オフコン，ワークステーションなどが出現した。

(2) コンピュータの種類

a. パーソナルコンピュータ（パソコン）

ワープロ，表計算，インターネット等を個人が使うためのコンピュータ。

b. ワークステーション

設計（CAD），グラフィックデザイン，組版，科学技術計算の業務用の高性能コンピュータ。ネットワークサーバの端末としても使用されるなどパソコンより高い性能を持つ。

c. マイクロコンピュータ（マイコン）

エアコンの温度制御や自動車エンジンの回転速度制御等に用いる IC チップコンピュータ。

d. スーパーコンピュータ

地球規模の天候等のシュミレーション等の大量のデータを高速に処理するコンピュータ。

e. メインフレーム（大型コンピュータ）

企業や役所などで扱う大量のデータを効率よく保存して処理する大型のコンピュータ。

問1 コンピュータの歴史について，①〜④の文に最も適する世代を解答群から選びなさい。

①	第 1 世代	主に軍事・科学技術に使用され，世界初のコンピュータは ENIAC である。
②	第 2 世代	小型化し商業目的にも使用されるようになり，FORTRAN などの言語が開発された。
③	第 3 世代	オペレーティングシステムなどが開発され，また，マイクロプロセッサ技術によるマイクロコンピュータが普及してきた。
④	第 4 世代	小型，低価格のパソコン，機器組込みワンチップマイコンが普及してきた。

解答群　　ア．超 LSI の時代

　　　　　イ．IC，LSI の時代

　　　　　ウ．真空管の時代

　　　　　エ．トランジスタの時代

問2 次の説明に最も適する語句を解答群から選びなさい。

① 自動車や家電製品に組み込んで制御を行う超小型コンピュータ

② パソコンより高速でコンピュータグラフィックスや CAD などの用途に用いる。

③ 弾道計算を行う目的で開発された真空管を用いた世界初のコンピュータ

④ 基幹システムとして大量のデータを効率よく保存して処理する大型のコンピュータ

⑤ 世界初のプログラム内蔵方式のコンピュータ

⑥ ワープロ，表計算，インターネットなどを個人が使うためのコンピュータ

⑦ 地球シミュレータのように大量の科学計算などを高速で処理するコンピュータ

解答群　　ア．EDSAC

　　　　　イ．ENIAC

　　　　　ウ．パーソナルコンピュータ

　　　　　エ．ワークステーション

　　　　　オ．メインフレーム

　　　　　カ．マイクロコンピュータ

　　　　　キ．スーパーコンピュータ

2. 情報化社会

（1）情報の利用

a. ネットワーク

複数のコンピュータを通信回線で接続してデータをやりとりする通信網。

b. インターネット

ネットワーク同士を接続した世界規模のネットワーク。Web ページ，電子メール，ネットニュースなどが利用できる。

c. ユビキタス

いつでも，どこでも，ネットワークで連携したコンピュータや携帯電話のような情報端末が，私たちの暮らしを支えているという考え方。「どこでもコンピュータ」とも言われる。

d. マルチメディア

文字，音声，画像，映像等さまざまな情報をデータ化して統合的に扱う技術。

e. 電子商取引（e コマース）

インターネットのオンラインショッピングのように電子決済等を利用したネットワーク上での商取引をいう。

f. 情報リテラシー

コンピュータを利用・活用するコンピュータリテラシー，テレビやビデオ，インターネットの情報を客観的に正しく判断できるメディアリテラシーなど情報や情報機器を取り扱う上で必要となる基本的な知識や能力をいう。

g. 標準化

コンピュータやネットワークなどのハードウェアやソフトウェアの仕様や規格を標準化すると，日本国内や全世界のコンピュータなどを接続して運用できる環境を整えることができる。

ISO （国際標準化機構）	工業や科学技術などに関係する国際標準規格
JIS （日本産業規格）	日本国内の標準規格
IEEE （米国電気電子技術者協会）	世界最大の電気電子技術に関する学会。 作業部会において規格の標準化を進めている。
NIC （Network Information Center）	インターネットプロトコル（IP）アドレスの調整・ドメイン管理を行う組織。
JPNIC	日本国内におけるインターネットのドメインを管理している組織

(2) 情報化社会の問題点

a. VDT 作業障害（VDT：Visual Display Terminal）

長時間，コンピュータのディスプレイを使って作業することにより，

視力低下，ドライアイ（乾き目）や肩こりなどの障害やストレスが生じること。

b. コンピュータ犯罪

不正な情報の操作や破壊，盗み出しなどのコンピュータネットワークを利用した犯罪が増加している。

(3) 情報の管理

a. コンピュータセキュリティ

コンピュータやコンピュータを利用したシステム・データを破壊，盗用，悪用等の犯罪や事故などから守ることをいい，安全性，安全保護ともいう。

故意にコンピュータシステムに障害を及ぼすように作成された悪性プログラムである**コンピュータウィルス**や，運用ミスによってコンピュータが停止してしまう**システムダウン**に備えて，データやプログラムを別の外部記憶装置に保管するなどの**バックアップ対策**や，データの更新，インターネットなどにアクセスする利用者などの情報を，時間を追って収集保管する**ログ管理**をしておく必要がある。

また，**スパイウェア**などの被害を受けないようにするために，ネットワークにアクセスする際に必要な**パスワード**を定期的に変更する必要がある。

コンピュータウィルス	ネットワークや移動媒体（CD−ROM やフロッピーディスクなど）から侵入し，病気のウィルスのように，自己増殖や感染能力を持つため，**ウィルス**と呼ばれる。セキュリティプログラム（アンチウィルス）で防御し，ワクチンプログラムで駆除する。
スパイウェア	ユーザの行動や個人情報を**ネットワークを介して，スパイウェアを仕掛けた相手に送ってしまうソフトウェア**。ソフトウェアのインストール時やwebページの閲覧時に気づかないままインストールされてしまうことが多い。セキュリティプログラムで検知・駆除する。
ファイアウォール	ネットワークに接続したコンピュータは，外部からの不正な侵入によってデータの破壊，盗用や改ざんなどの被害を受ける可能性がある。そのような**不正なアクセスを検出・遮断する障壁**ソフトウェアやハードウェアのこと。

b. プライバシーの保護

銀行，学校，役所，病院などで利用される個人情報は，プライバシー保護の観点から法的に守られており，仕事上で知り得た個人情報を不正に外部に漏らすと罰せられる。

c. 知的財産権の法的保護

特許権・実用新案権・意匠権・商標権（この4つが産業財産権）・育成者権（植物の新品種）・著作権（創造的な著作物）などの知的財産は，それぞれの法令によって**その権利が守られる**。

問1　情報化社会について，①〜⑤の文に最も適する語句を解答群から選びなさい。

① コンピュータやインターネットを利用・活用する能力など情報を使いこなせる力。

② 長時間，コンピュータのディスプレイを使って作業することによる障害やストレス。

③ 特許権・実用新案権・意匠権・商標権によって，発明や発想を保護する。

④ コンピュータプログラム・音楽や小説など，作者の権利を保護する。

⑤ 電子決済などを利用したネットワーク上での商取引をいう。

解答群　　ア．VDT 作業障害

　　　　　イ．電子商取引

　　　　　ウ．情報リテラシー

　　　　　エ．著作権

　　　　　オ．産業財産権

問2　標準化について，①〜⑤の文に最も適する語句を解答群から選びなさい。

① 日本国内での工業製品の標準化のための規格を制定する。

② 国際的な工業や科学技術に関する標準化を行う。

③ 日本国内のインターネットアドレスなどのドメインを管理する。

④ インターネットアドレスのドメインを管理する。

⑤ 国際的な電気電子技術に関する米国の学会で，規格の標準化を行う。

解答群　　ア．ISO　　　イ．JPNIC　　　ウ．NIC　　　エ．IEEE　　　オ．JIS

問3　セキュリティについて，①〜⑤の文に最も適する語句を解答群から選びなさい。

① コンピュータシステムが停止して，利用者がサービスを受けられなくなる。

② 企業や大学等のコンピュータに不正にアクセスし，データを不正に使用するような犯罪。

③ 故意にデータ等を破壊したりするための，感染能力，潜伏能力のある悪性のプログラム。

④ コンピュータ等の障害に備えて，データやプログラムを別の外部記憶装置に保管する。

⑤ データの更新や，インターネットなどにアクセスする利用者などの情報を保管する。

解答群　　ア．コンピュータ犯罪

　　　　　イ．システムダウン

　　　　　ウ．バックアップ対策

　　　　　エ．ログ管理

　　　　　オ．コンピュータウィルス

問4 セキュリティについて，①〜⑤の文に最も適する語句を解答群から選びなさい。

① インターネットなどの外部からの不正な侵入を防ぐための障壁となるもの。

② ソフトウェアを無断で不正にコピーしたりする。

③ コンピュータシステムで，利用者を識別するために使う合い言葉

④ 発見したコンピュータウィルスを取り除くためのプログラム

⑤ コンピュータにしのばせて個人情報やキー操作を盗み出すソフトウェア

解答群　　ア．スパイウェア

　　　　　イ．不法コピー

　　　　　ウ．ワクチン

　　　　　エ．ファイアウォール

　　　　　オ．パスワード

問5 次の文章に当てはまる語句を解答群から選びなさい。

① 市販のソフトウェアをバックアップ以外の目的で無断でコピーする。

② 名前，生年月日，性別，住所など個人を特定し得る情報の適正な取り扱いを定めた法律

③ コンピュータを中心とした製品やソフトウェア開発，ネットビジネス等の新たな産業

④ コンピュータを，破壊，障害，盗用，悪用などから守るシステム

⑤ 特許権，実用新案権，育成者権，意匠権，商標権，著作権などの知的財産が法的に守られる権利

解答群　　ア．IT産業

　　　　　イ．コンピュータセキュリティ

　　　　　ウ．不法コピー

　　　　　エ．個人情報保護法

　　　　　オ．知的財産権

問6 ①〜⑩の文で正しいものには〇を，誤っている物には×を記入しなさい。

① 購入したCDがとてもよかったので，友人にコピーして渡した。

② 購入したCDを，自分の携帯音楽プレーヤに録音して聴いている。

③ 購入したCDがとてもよかったので，友人に貸して聴いてもらった。

④ 自分で作成したWebページに流れる音楽を，購入したCDから録音して利用した。

⑤ 絶対に忘れてはいけないので，パスワードを変更するべきではない。

⑥ 友人の住所録を作成したので，みんなが利用できるように共通のパソコンに保存した。

⑦ 音楽が趣味なので，好きな歌手の写真を雑誌から読み取ってWebページを作成した。

⑧ 有名メーカーのコンピュータは信頼できるので，システムソフトやセキュリティプログラムも購入した状態で使い続けるのがよい。

第2章

数の表現

と

論理

1. **2 進数と 16 進数**

（1）2 進 数

　私たちが，日常使用している数値は 0～9 の 10 個の数を用いた 10 進数であるが，コンピュータ内部では「低いレベル」「高いレベル」の 2 値の電圧で処理を行っている。すなわち，0 と 1 の 2 個の数を用いた 2 進数を用いる。

ビットとバイト

　2 進数で多くの情報を表すには，ケタ数を増やす必要がある。0 と 1 の数で表される 2 進数の各ケタを**ビット**といい，まとまった情報を扱うために，8 ビットを 1 つのグループにまとめた**バイト**という単位を用いている。

　1 ビットで表すことのできる状態は 0 と 1 の 2 種類である。次に示すように，ビット数が多くなると，1 と 0 の組合せが多くなるので，表すことができる状態の種類も多くなる。

1 ビット ⇩ 2^1	$\left\{ \begin{matrix} 0 \\ 又は \\ 1 \end{matrix} \right.$	**2 ビット** ⇩ 2^2	$\left\{ \begin{matrix} 00 \\ 01 \\ 10 \\ 11 \end{matrix} \right.$	**3 ビット** ⇩ 2^3	$\left\{ \begin{matrix} 000 \quad 100 \\ 001 \quad 101 \\ 010 \quad 110 \\ 011 \quad 111 \end{matrix} \right.$
2 種類のどちらか		4 種類		8 種類	

n ビットで表すことができる状態は 2^n 種類である。

　　　　2 進数の例

MSB…最上位ビット，　LSB…最下位ビット

1 バイトで表すことができる 0 と 1 の種類は $2^8 = 256$ 種類（0000 0000～1111 1111）

　　例えば，6 ビットの 2 進数で数値を表すとき，その最大値は。

　　最大値…ビットで表すことができる状態の種類 ^{マイナス} − 1

　2 進数 ⇨ 10 進数の最大値は次のようになる。

　　1 ビット ⇨ 1　　　　2 ビット ⇨ 3　　　　3 ビット ⇨ 7　　　　4 ビット ⇨ 15

　6 ビットで表すことができる状態数は 2^6 なので，その最大値は

$$2^6 - 1 = 64 - 1 = 63$$

になる。

(2) 16 進 数

コンピュータが扱うプログラムやデータを2進数で記述すると，1と0からなる多くのケタになるので，分かりやすくするために16進数で記述することが多い。

2進数の4ケタは16進数の1ケタで表すことができる。

16進数は0〜9の数字とA〜Fの記号で16個の文字を用いて表す。

> 2進数，16進数がどのようなルールでケタ上がりしているか，また，2進数，10進数，16進数の対応関係を調べて，基数変換の意味を理解しておくことが大切である。

(3) 基数と重み

例えば，10進数の **2512** という数字において，
各ケタの数字2，5，1，2はそれぞれ，
2000 $(2×10^3)$，500 $(5×10^2)$，10 $(1×10^1)$，2 $(2×10^0)$ を意味しており，
10^3，10^2，10^1，10^0 を**ケタの重み**といい，10を**基数**という。

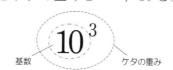

$$10^3$$

基数 ケタの重み

10進数−2進数−16進数の対応表

10進数	2進数	16進数
0	0	0
1	1	1
2	ｹﾀ上がり **10**	2
3	11	3
4	ｹﾀ上がり **100**	4
5	101	5
6	110	6
7	111	7
8	ｹﾀ上がり **1000**	8
9	1001	9
ｹﾀ上がり **10**	1010	A
11	1011	B
12	1100	C
13	1101	D
14	1110	E
15	1111	F
16	ｹﾀ上がり **10000**	ｹﾀ上がり **10**

10進数・2進数・16進数の基数とケタの重み

例

10進数 **2512** = (**2** × 10^3) + (**5** × 10^2) + (**1** × 10^1) + (**2** × 10^0)

2 ×1000 + 5 × 100 + 1 × 10 + 2 × 1

2000 + 500 + 10 + 2 = 2512

例

2進数 **1001** = (**1** × 2^3) + (**0** × 2^2) + (**0** × 2^1) + (**1** × 2^0)

1 × 8 + 0 × 4 + 0 × 2 + 1 × 1

8 + 0 + 0 + 1 = 9

例

16進数 **12FC** = (**1** × 16^3) + (**2** × 16^2) + (**F** × 16^1) + (**C** × 16^0)

1 ×4096 + 2 × 256 + 15 × 16 + 12 × 1

4096 + 512 + 240 + 12 = 4860

☆ **10 進数** ⇨ **2 進数** (基数 2 のケタの重みで求める方法)　　　　注 (　　)₂ は 2 進数, (　　)₁₀ は 10 進数を意味する。

例題

10 進数が 2 進数のどのケタの重みで構成されているか調べる方法で, 次の 10 進数を 2 進数に変換しなさい。

$$(\quad 13 \quad)_{10} = \boxed{①} + \boxed{②} + \boxed{③} + \boxed{④}$$

$$= (\boxed{\qquad\qquad ⑤ \qquad\qquad})_2$$

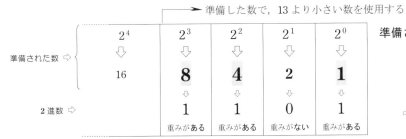

解説　下表のように 2 の 0 乗, 1 乗, 2 乗, 3 乗…の数を準備する。

→ 準備した数で, 13 より小さい数を使用する

	2^4	2^3	2^2	2^1	2^0
準備された数 ⇨	⇩	⇩	⇩	⇩	⇩
	16	**8**	**4**	**2**	**1**
		⇩	⇩	⇩	⇩
2 進数 ⇨		1	1	0	1
		重みがある	重みがある	重みがない	重みがある

準備された数で 13 を構成する

$$13 - 8 = 5$$
$$5 - 4 = 1$$
⇨ $13 = 8 + 4 + 1$ となる。

解答　① 8　② 4　③ 0　④ 1　⑤ 1101

問　次の 10 進数を 2 進数に変換しなさい。

① $(\quad 15 \quad)_{10} = 8 + 4 + 2 + 1$
　　　$= (\qquad)_2$

② $(\quad 10 \quad)_{10} = \boxed{\qquad}$
　　　$= (\qquad)_2$

③ $(\quad 7 \quad)_{10} = 4 + 2 + 1$
　　　$= (\qquad)_2$

④ $(\quad 5 \quad)_{10} = \boxed{\qquad}$
　　　$= (\qquad)_2$

⑤ $(\quad 18 \quad)_{10} = \boxed{\qquad}$
　　$16 + 0 + 0 + 2 + 0 = (\qquad)_2$

⑥ $(\quad 38 \quad)_{10} = \boxed{\qquad}$
　　　$= (\qquad)_2$

☆ **10 進数** ⇨ **2 進数** (基数 2 で割った余りで求める方法)

例題

10 進数 25 を基数 2 で割った余りで求める方法で, 2 進数に変換しなさい。

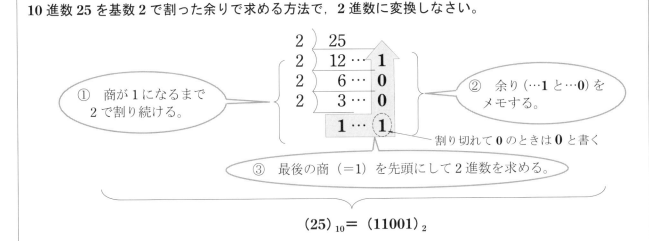

① 商が 1 になるまで 2 で割り続ける。

② 余り (…1 と…0) をメモする。

割り切れて 0 のときは 0 と書く

③ 最後の商 (=1) を先頭にして 2 進数を求める。

$$(25)_{10} = (11001)_2$$

問　次の 10 進数を 2 進数に変換しなさい。

①　$(28)_{10}$　　　②　$(37)_{10}$　　　③　$(62)_{10}$　　　④　$(130)_{10}$　　　⑤　$(255)_{10}$

☆ 2 進数 ⇨ 10 進数

例題

次の 2 進数を各ケタに重み付けする方法で 10 進数に変換しなさい。

$$(1101)_2 = 1 \times \boxed{①} + 1 \times \boxed{②} + 0 \times \boxed{③} + 1 \times \boxed{④}$$

$$= (\boxed{⑤})_{10} ⇦ \textbf{10 進数}$$

解説　2 進数では，**2 が基数**になるので，$(1101)_2$ を 2 進数のケタの重みと対応させると，

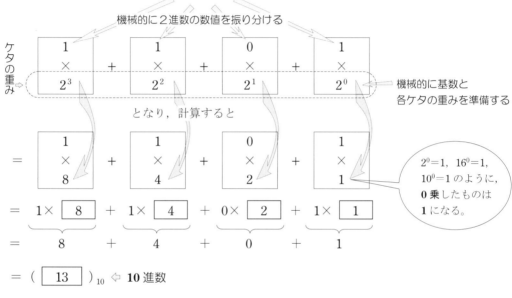

解答　① 8　② 4　③ 2　④ 1　⑤ 13

問 1　次の 2 進数を 10 進数に変換しなさい。

ヒント　2 進数の 1, 10, 11, 100, … ⇨ 10 進数の 1, 2, 3, 4, …

① $(\ 10\ )_2 = (\ \ \ \ )_{10}$　　　② $(\ 111\ )_2 = (\ \ \ \ )_{10}$

③ $(\ 1001\ )_2 = (\ \ \ \ )_{10}$　　④ $(\ 1111\ )_2 = (\ \ \ \ )_{10}$

問 2　次の 2 進数を 10 進数に変換しなさい。

ヒント　下のケタから，1, 2, 4, 8, 16, 32, 64, 128, …

① $(\ 1\ 1\ 0\ 0\ )_2$
　$= 8+4+0+0$
　$= (\ \ \ \ )_{10}$

② $(\ 1\ 1\ 0\ 1\ )_2$
　$= 8+4+0+1$
　$= (\ \ \ \ )_{10}$

③ $(\ 1\ 0\ 1\ 1\ )_2$
　$=$
　$= (\ \ \ \ )_{10}$

④ $(\ 1\ 0\ 0\ 0\ )_2$
　$=$
　$= (\ \ \ \ )_{10}$

⑤ $(\ 1\ 0\ 0\ 0\ 1\ )_2$
　$= 16+$
　$= (\ \ \ \ )_{10}$

⑥ $(\ 1\ 0\ 1\ 0\ 1\ 0\ )_2$
　$= 32+$
　$= (\ \ \ \ )_{10}$

☆ 16 進数 ⇔ 10 進数

例題

① 次の 16 進数（2AF）₁₆ を各ケタに重み付けする方法で 10 進数に変換しなさい。

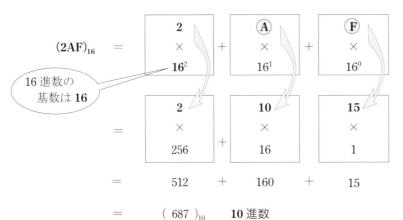

16 進数	0 ～9	Ⓐ	B	C	D	E	Ⓕ
10 進数	0 ～9	⑩	11	12	13	14	⑮

10 進数の **10～15** ⇨ 16 進数の **A～F**
に置き換える

$$（2AF）_{16} = \begin{array}{c} 2 \\ \times \\ 16^2 \end{array} + \begin{array}{c} Ⓐ \\ \times \\ 16^1 \end{array} + \begin{array}{c} Ⓕ \\ \times \\ 16^0 \end{array}$$

16 進数の基数は 16

$$= \begin{array}{c} 2 \\ \times \\ 256 \end{array} + \begin{array}{c} 10 \\ \times \\ 16 \end{array} + \begin{array}{c} 15 \\ \times \\ 1 \end{array}$$

$$= \quad 512 \quad + \quad 160 \quad + \quad 15$$

$$= \quad （ 687 ）_{10} \quad \text{10 進数}$$

② 10 進数（687）₁₀ を 16 進数に変換しなさい。

☆ ケタの重みで求める方法

| 16³ | 16² | 16¹ | 16⁰ | 準備された数 |

$$687 = \boxed{4096} \quad \boxed{\begin{array}{c}256 \\ \times \\ 2\end{array}} + \boxed{\begin{array}{c}16 \\ \times \\ 10\end{array}} + \boxed{\begin{array}{c}1 \\ \times \\ 15\end{array}} \Leftarrow \text{10 進数}$$

$$512 \quad + \quad 160 \quad + \quad 15$$

$$2 \qquad A \qquad F \quad \Leftarrow \text{16 進数}$$

☆ 余りで求める方法

16）687
16）＿42…15 ⇨ F に置き換え
　　　2…10 ⇨ A に置き換え

2 A F

問1　次の 16 進数を 10 進数に変換しなさい。

参 考
16⁰ ⇨ 1
16¹ ⇨ 16
16² ⇨ 256
16³ ⇨ 4096

① （ 1 　 9 ）₁₆

$$= \boxed{\begin{array}{c}1 \\ \times\end{array}} + \boxed{\begin{array}{c}9 \\ \times\end{array}}$$

$$= （ \qquad ）_{10}$$

② （ 2 　 8 ）₁₆

$$= \boxed{\times} + \boxed{\times}$$

$$= （ \qquad ）_{10}$$

③ （ A 　 C ）₁₆

$$= \boxed{\begin{array}{c}10 \\ \times\end{array}} + \boxed{\begin{array}{c}12 \\ \times\end{array}}$$

$$= （ \qquad ）_{10}$$

④ （ E 　 B ）₁₆

$$= \boxed{\times} + \boxed{\times}$$

$$= （ \qquad ）_{10}$$

問2　次の 10 進数を 16 進数に変換しなさい。

① （13）₁₀　　② （38）₁₀　　③ （240）₁₀　　④ （191）₁₀

☆ 2 進数 ⇔ 16 進数 (2 進数のケタ数が多い場合)

例題

① 2 進数 10011101 を 16 進数に変換しなさい。

　2 進数 4 ケタと 16 進数 1 ケタはきっちり対応しているので，2 進数を下位から 4 ケタずつ区切り，16 進数に変換していく。

　(2 進数がきっちり 4 ケタずつ区切れない場合は，上位に 0 があると考えるとよい。)

$$10011101$$

$$
\begin{array}{ccc}
2\text{進数} & \left(\begin{smallmatrix}1\\\times\\8\end{smallmatrix} + \begin{smallmatrix}0\\\times\\4\end{smallmatrix} + \begin{smallmatrix}0\\\times\\2\end{smallmatrix} + \begin{smallmatrix}1\\\times\\1\end{smallmatrix}\right) & \left(\begin{smallmatrix}1\\\times\\8\end{smallmatrix} + \begin{smallmatrix}1\\\times\\4\end{smallmatrix} + \begin{smallmatrix}0\\\times\\2\end{smallmatrix} + \begin{smallmatrix}1\\\times\\1\end{smallmatrix}\right)
\end{array}
$$

⇦ 下位から 4 ケタずつ区切る

$$
\begin{array}{cc}
(\quad 8+0+0+1 \quad) & (\quad 8+4+0+1 \quad)\\
(\quad 9 \quad)+(\quad 13 \quad)\\
\Downarrow & \Downarrow
\end{array}
$$

16 進数　　　　　9　　　　　　　　　　D

② 16 進数 9D を 2 進数に変換しなさい。

　解き方　①の解説を下から順に行う。

参　考

2 進数	0000	0001	0010	0011	0100	0101	0110	0111	1000	1001	1010	1011	1100	1101	1110	1111
10 進数	0	1	2	3	4	5	6	7	8	9	10	11	12	13	14	15
16 進数	0	1	2	3	4	5	6	7	8	9	A	B	C	D	E	F

問1　次の 2 進数を 16 進数に変換しなさい。

①　$(1001)_2$　　　②　$(1101)_2$　　　③　$(101)_2$　　　④　$(11)_2$　　　⑤　$(1111)_2$

問2　次の 2 進数を 16 進数に変換しなさい。

①　$(1001\ 1001)_2$　　②　$(1100\ 0101)_2$　　③　$(1011\ 0110)_2$　　④　$(100\ 0111)_2$　　⑤　$(1\ 1101)_2$

問3　次の 16 進数を 2 進数に変換しなさい。

①　$(F)_{16}$　　　②　$(F1)_{16}$　　　③　$(24)_{16}$　　　④　$(78)_{16}$　　　⑤　$(D3)_{16}$

☆実際の検定問題

問　次の表中の空欄①〜⑥に当てはまる数値を答えなさい。

2 進数	10 進数	16 進数
①	62	②
③	④	5C
11000111	⑤	⑥

解説

(1) ②を計算する（10 進数⇒16 進数）

$62 \div 16 = 3 \cdots 14$　より　$(3E)_{16}$　と求まる。

(2) ⑥を計算する（2 進数⇒16 進数）

$(1100)_2 = (12)_{10} = (C)_{16}$，　$(0111)_2 = (7)_{16}$　より　$(C7)_{16}$　と求まる。

(3) ①と③を計算する（16 進数⇒2 進数）

・①は $(3)_{16}$ と $(E)_{16}$ に分ける。

　$(3)_{16} = (0011)_2$，　　$(E)_{16} = (1110)_2$　より

　$(0011\,1110)_2$　と求まる。$(11\,1110)_2$ でもよい。

・③は $(5)_{16}$ と $(C)_{16}$ に分ける。

　$(5)_{16} = (0101)_2$，　　$(C)_{16} = (1100)_2$　より

　$(0101\,1100)_2$　と求まる。$(101\,1100)_2$ でもよい。

(4) ④と⑤を計算する（16 進数⇒10 進数）

・④は $5 \times 16 + 12 = 92$　と求まる。

・⑤は $12 \times 16 + 7 = 199$　と求まる。

このように，**10 進数⇔16 進数**と **2 進数⇔16 進数**の計算だけで求められる。

まず，すべてを 16 進数にする（②，⑥）

次に，16 進数を 2 進数（①，③）と 10 進数（④，⑤）にする

2. 2進数の計算

（1）加　算

```
      0              0              1              1
   +）0           +）1           +）0           +）1
   ───────        ───────        ───────        ───────
      0              1              1             10
```

10進数の2になるとケタ上がりする。

例題

次の2進数の計算をしなさい。

```
①    1        ②    1        ③    1        ④    1        ⑤   1001       ⑥   1100
  +） 1          +） 10         +） 11         +） 111        +） 0101       +） 0111
```

解説　1+1の計算をしたときは，10となり，1ケタ上がりする。10進数の計算のときと同様に，式の上部に**ケタ上がりをメモ**しておくとわかりやすい。

```
①    1              ②    1                1⇦ケタ上がりをメモ
  +） 1                +） 10           ③    1
  ───────             ───────            +） 11
     10                  11              ───────
  ⇧ケタ上がり                             100
                                        ⇧ケタ上がり
```

```
       1⇦ケタ上がりをメモ
     1⇦ケタ上がりをメモ
④    1              ⑤   1001           ⑥   1100
  +） 111             +） 0101            +） 111
  ───────            ───────            ───────
    1000               1110              10011
  ⇧ケタ上がり          ⇧ケタ上がり          ⇧ケタ上がり
```

解答　① 10　　② 11　　③ 100　　④ 1000　　⑤ 1110　　⑥ 10011

問　次の2進数の計算をしなさい。

```
    1011           1011           1001           1011           1010
 +） 0101        +） 0110        +） 0110        +） 1001        +） 1110
 ───────        ───────        ───────        ───────        ───────
    ①              ②              ③              ④              ⑤
```

（2）減　算

引けない場合は，上のケタから借りる

$$
\begin{array}{r} 0 \\ -)\ 0 \\ \hline 0 \end{array}
\qquad
\begin{array}{r} 1 \\ -)\ 0 \\ \hline 1 \end{array}
\qquad
\begin{array}{r} 1 \\ -)\ 1 \\ \hline 0 \end{array}
\qquad
\begin{array}{r} 10 \\ -)\ 1 \\ \hline 1 \end{array}
$$

例題

次の 2 進数の計算をしなさい。

①
$$\begin{array}{r} 10 \\ -)\ 1 \\ \hline \end{array}$$
②
$$\begin{array}{r} 11 \\ -)\ 1 \\ \hline \end{array}$$
③
$$\begin{array}{r} 100 \\ -)\ 1 \\ \hline \end{array}$$

④
$$\begin{array}{r} 1000 \\ -)\ 1 \\ \hline \end{array}$$
⑤
$$\begin{array}{r} 1101 \\ -)\ 11 \\ \hline \end{array}$$
⑥
$$\begin{array}{r} 100011 \\ -)\ 101 \\ \hline \end{array}$$

解説　加算と同じように各ケタごとに計算する。0 から 1 を引くときには，上のケタから借りる計算をする。

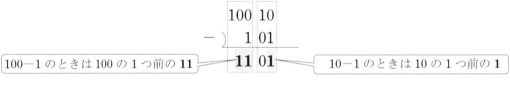

100−1 のときは 100 の 1 つ前の **11**　　10−1 のときは 10 の 1 つ前の **1**

10 の 1 つ前　　100 の 1 つ前

①
$$\begin{array}{r} \mathbf{10} \\ -)\ \mathbf{1} \\ \hline \mathbf{1} \end{array}$$
10 の 1 つ前

②
$$\begin{array}{r} 11 \\ -)\ 1 \\ \hline 10 \end{array}$$

③
$$\begin{array}{r} \mathbf{100} \\ -)\ \mathbf{1} \\ \hline \mathbf{11} \end{array}$$
100 の 1 つ前

④
$$\begin{array}{r} \mathbf{1000} \\ -)\ \mathbf{1} \\ \hline \mathbf{111} \end{array}$$
1000 の 1 つ前

⑤
$$\begin{array}{r} 1101 \\ -)\ \mathbf{11} \\ \hline 1010 \end{array}$$
10 の 1 つ前

⑥
$$\begin{array}{r} \mathbf{100}011 \\ -)\ 101 \\ \hline \mathbf{11110} \end{array}$$
1000 の 1 つ前

解答　① 1　② 10　③ 11　④ 111　⑤ 1010　⑥ 11110

問　次の 2 進数の計算をしなさい。

$$\begin{array}{r} 1011 \\ -)\ 0101 \\ \hline \boxed{①} \end{array}$$
$$\begin{array}{r} 1011 \\ -)\ 0110 \\ \hline \boxed{②} \end{array}$$
$$\begin{array}{r} 1110 \\ -)\ 1001 \\ \hline \boxed{③} \end{array}$$
$$\begin{array}{r} 1010 \\ -)\ 0111 \\ \hline \boxed{④} \end{array}$$
$$\begin{array}{r} 1101 \\ -)\ 0101 \\ \hline \boxed{⑤} \end{array}$$

（3）乗　算（かけ算）

$$\begin{array}{r} 0 \\ \times\!\!\!\big)\;\; 0 \\ \hline 0 \end{array} \qquad \begin{array}{r} 0 \\ \times\!\!\!\big)\;\; 1 \\ \hline 0 \end{array} \qquad \begin{array}{r} 1 \\ \times\!\!\!\big)\;\; 0 \\ \hline 0 \end{array} \qquad \begin{array}{r} 1 \\ \times\!\!\!\big)\;\; 1 \\ \hline 1 \end{array}$$

×0 は 0 になる。
　　$0 \times 0 = 0,\ 1 \times 0 = 0$
×1 は元の数になる。
　　$0 \times 1 = 0,\ 1 \times 1 = 1$

例題

次の 2 進数の計算をしなさい。

① $\begin{array}{r} 10 \\ \times\!\!\!\big)\;11 \\ \hline \end{array}$　② $\begin{array}{r} 11 \\ \times\!\!\!\big)\;11 \\ \hline \end{array}$　③ $\begin{array}{r} 11 \\ \times\!\!\!\big)\;111 \\ \hline \end{array}$　④ $\begin{array}{r} 1001 \\ \times\!\!\!\big)\;\;101 \\ \hline \end{array}$　⑤ $\begin{array}{r} 1010 \\ \times\!\!\!\big)\;1001 \\ \hline \end{array}$

解説　10 進数のときと同様に，式の途中にケタ上がりをメモしておくほうがわかりやすい。
④，⑤のように，**0 倍したときの計算は，そのケタはすべて 0 になる。**

① $\begin{array}{r} 10 \\ \times\!\!\!\big)\;11 \\ \hline 10 \\ 10 \\ \hline 110 \end{array}$　② $\begin{array}{r} 11 \\ \times\!\!\!\big)\;11 \\ \hline {}^{1}11 \\ 11 \\ \hline 1001 \end{array}$　③ $\begin{array}{r} 11 \\ \times\!\!\!\big)\;111 \\ \hline {}^{1}11 \\ {}^{1}11 \\ 11 \\ \hline 10101 \end{array}$

④ $\begin{array}{r} 1001 \\ \times\!\!\!\big)\;\;101 \\ \hline 1001 \\ 0000 \\ 1001 \\ \hline 101101 \end{array}$　⑤ $\begin{array}{r} 1010 \\ \times\!\!\!\big)\;1001 \\ \hline 1010 \\ 0000 \\ 0000 \\ 1010 \\ \hline 1011010 \end{array}$

解答　① 110　② 1001　③ 10101　④ 1101101　⑤ 1011010

問

次の 2 進数の計算をしなさい。

$\begin{array}{r} 111 \\ \times\!\!\!\big)\;11 \\ \hline \boxed{①} \end{array}$　$\begin{array}{r} 111 \\ \times\!\!\!\big)\;101 \\ \hline \boxed{②} \end{array}$　$\begin{array}{r} 1011 \\ \times\!\!\!\big)\;0101 \\ \hline \boxed{③} \end{array}$　$\begin{array}{r} 1001 \\ \times\!\!\!\big)\;0110 \\ \hline \boxed{④} \end{array}$　$\begin{array}{r} 1101 \\ \times\!\!\!\big)\;10 \\ \hline \boxed{⑤} \end{array}$

3. 論理回路

論理回路の基礎

　2進数の0と1だけで演算を行う回路を**論理回路**といい，論理回路の入出力の関係を表した式を**論理式**という。論理回路の入出力の関係をわかりやすくあらわした表を**真理値表**という。

(1) AND回路（論理積回路）

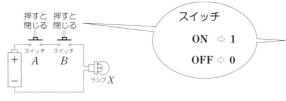

スイッチ
ON ⇨ 1
OFF ⇨ 0

AND 回路の真理値

A	B	X
0	0	0
0	1	0
1	0	0
1	**1**	**1**

ランプ
点灯 ⇨ 1
消灯 ⇨ 0

⇨ AとBが両方とも1のときのみ，Xは1となる。

スイッチAとスイッチBを**直列**に接続し，ランプXが点滅する回路を考える。

図 記 号	論 理 式
A —⊐ X B —⊐	$X = A \cdot B$

(2) OR回路（論理和回路）

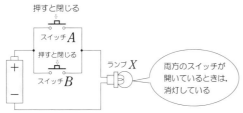

両方のスイッチが開いているときは，消灯している

OR 回路の真理値

A	B	X
0	0	0
0	1	1
1	0	1
1	1	1

⇦ A, B両方とも**0**のときXが**0**

⇦ A, Bどちらかが1のときXが1

スイッチAとスイッチBを**並列**に接続し，ランプXが点滅する回路を考える。

図 記 号	論 理 式
A —⊐ X B —⊐	$X = A + B$

(3) NOT回路（否定回路）

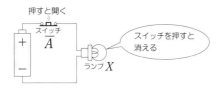

スイッチを押すと消える

NOT 回路の真理値

A	X
0	**1**
1	0

Aの逆がXとなる。

図 記 号	論 理 式
A —▷○— X	$X = \overline{A}$

（4）基本的な論理代数の関係

① A≠0　ならば　A=1		② A≠1　ならば　A=0
③ 0・0=0　　　0+0=0		④ 0・1=0　　　0+1=1
⑤ 1・0=0　　　1+0=1		⑥ 1・1=1　　　1+1=1
⑦ $\overline{0}=1$　　　　$\overline{1}=0$		⑧ A・0=0　　　A+0=A
⑨ A・1=A　　　A+1=1		⑩ A・A=A　　　A+A=A
⑪ $\overline{\overline{A}}=A$		⑫ A+$\overline{A}$=1　　　A・$\overline{A}$=0

例題1

次に示す回路の真理値表を完成させ，論理式を示しなさい。

 ヒント　X は基本的な論理回路の出力で，Y はその否定（反転）になる。

①

A	B	X	Y
0	0		
0	1		
1	0		
1	1		

$X=$ 〔　　　〕

$Y=$ 〔　　　〕

解説 AND回路とNOT回路を組み合わせたものなので論理式で示すと

$$X=A \cdot B \cdots\cdots\cdots\cdots ①$$

さらに $Y=\overline{X}$ ……………… ②

①を②に代入する ⇨ $Y=\overline{A \cdot B}$

解答

A	B	X	Y
0	0	0	1
0	1	0	1
1	0	0	1
1	1	1	0

$X=A \cdot B$

$Y=\overline{A \cdot B}$

この回路を**NAND回路**という。

図 記 号

②

A	B	X	Y
0	0		
0	1		
1	0		
1	1		

$X=$ 〔　　　〕

$Y=$ 〔　　　〕

解説 OR回路とNOT回路を組み合わせたものなので論理式で示すと

$$X=A+B \cdots\cdots\cdots\cdots ①$$

さらに $Y=\overline{X}$ ……………… ②

①を②に代入する ⇨ $Y=\overline{A+B}$

解答

A	B	X	Y
0	0	0	1
0	1	1	0
1	0	1	0
1	1	1	0

$X=A+B$

$Y=\overline{A+B}$

この回路を**NOR回路**という。

図 記 号

例題2

次の論理回路の論理式を答えなさい。また，真理値表の空欄を埋めなさい。

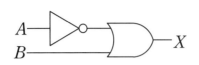

真 理 値 表

A	B	X
0	0	①
0	1	②
1	0	③
1	1	④

解説 各部の論理値を入力側（図では左側）から順番に記入してから X の論理式を求める。

X は $\overline{A}$ と B の論理和（OR）である。

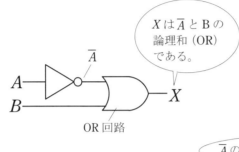

OR 回路

$\overline{A}$ と B の論理和（OR）を求める。

A	$\overline{A}$	B	$\overline{A}+B$
0	1	0	1
0	1	1	1
1	0	0	0
1	0	1	1

$\overline{A}$ の列を追加すると分かりやすい。

解答　　$X=\overline{A}+B$　　①1　　②1　　③0　　④1

問1 次の回路の名称と論理式を答えなさい。

(1) $A \rightarrow X$	(2) $A, B \rightarrow X$	(3) $A, B \rightarrow X$
名称 ① 回路	**名称** ③ 回路	**名称** ⑤ 回路
論理式 $X=$ ②	**論理式** $X=$ ④	**論理式** $X=$ ⑥

問2 次の①～④の真理値表に適する論理回路と論理式を解答群から選びなさい。

①

A	B	X
0	0	1
0	1	1
1	0	1
1	1	0

②

A	B	X
0	0	0
0	1	0
1	0	0
1	1	1

③

A	B	X
0	0	1
0	1	0
1	0	0
1	1	0

④

A	B	X
0	0	0
0	1	1
1	0	1
1	1	1

⑤

A	B	X
0	0	0
0	1	1
1	0	0
1	1	0

解答群

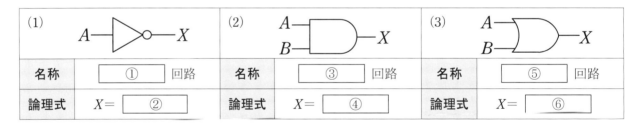

カ. $X=A+B$　　キ. $X=\overline{A}\cdot B$　　ク. $X=\overline{A+B}$　　ケ. $X=\overline{A\cdot\overline{B}}$　　コ. $X=A\cdot B$

問3 次の論理回路の真理値表を完成しなさい。

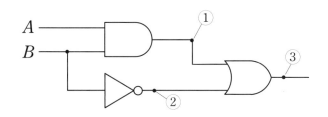

真理値表

入　力		①〜③の状態		
A	B	①	②	③
0	0			
0	1			
1	0			
1	1			

問4 真理値表の入出力関係になるように点線部に適する論理回路を解答群から選びなさい。

①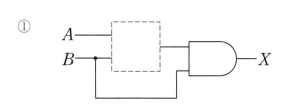

A	B	X
0	0	0
0	1	1
1	0	0
1	1	1

解 答 群

ア.

②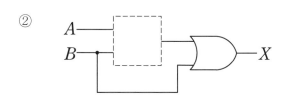

A	B	X
0	0	0
0	1	1
1	0	0
1	1	1

イ.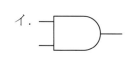

③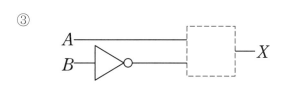

A	B	X
0	0	0
0	1	0
1	0	1
1	1	0

💡ヒント　すべての場合の真理値表を書いてみる

①

	アのとき				
	A	B	A+B	B	X
	0	0			
	0	1			
	1	0			
	1	1			

	イのとき				
	A	B	A・B	B	X
	0	0			
	0	1			
	1	0			
	1	1			

②

	アのとき				
	A	B	A+B	B	X
	0	0			
	0	1			
	1	0			
	1	1			

	イのとき				
	A	B	A・B	B	X
	0	0			
	0	1			
	1	0			
	1	1			

③

	アのとき				
	A	B	A	$\bar{B}$	X
	0	0			
	0	1			
	1	0			
	1	1			

	イのとき				
	A	B	A	$\bar{B}$	X
	0	0			
	0	1			
	1	0			
	1	1			

EX－OR 回路（排他的論理和回路）

入力 A，B に対し，次の真理値表で表される論理を**排他的論理和**という。

EX－OR 回路の真理値表

入力が**違う**（0 と 1，1 と 0）のとき，出力 X は **1** になる。

入力が**同じ**（0 と 0，1 と 1）のとき，出力 X は **0** になる

A	B	X
0	0	0
0	1	1
1	0	1
1	1	0

図 記 号	論 理 式
A B ⟩⟩D— X	$X=\overline{A} \cdot B+A \cdot \overline{B}$ （$X=A \oplus B$ と表すこともある）

基本的な回路を組み合わせたもので
EX－OR 回路を表すと右図のようになる。

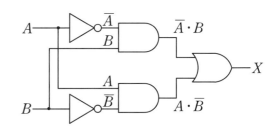

例題

次の論理回路の真理値表を完成させなさい。

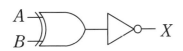

A	B	X
0	0	①
0	1	②
1	0	③
1	1	④

解説　EX－OR の出力 C の否定が X である。

EX－OR 回路の出力を C の欄に記入し，その値を反転させたものを X に記入する。

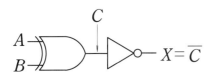

A	B	$C=X=\overline{A} \cdot B+A \cdot \overline{B}$	$X=\overline{C}$
0	0	0	1
0	1	1	0
1	0	1	0
1	1	0	1

$X=\overline{C}=\overline{\overline{A} \cdot B+A \cdot \overline{B}}$

⇩

$=A \cdot B+\overline{A} \cdot \overline{B}$　と表すことができる。

解答　　①1　　②0　　③0　　④1

問 次に示す回路の真理値表を完成させなさい。

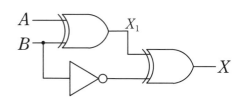

A	B	X_1	$\overline{B}$	X
0	0			
0	1			
1	0			
1	1			

練 習 問 題

図の回路の真理値表を書き，同じ働きをする回路を解答群から選びなさい。

①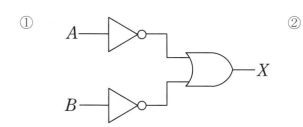

②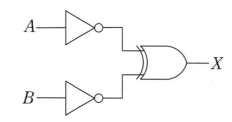

A	B	$\overline{A}$	$\overline{B}$	X
0	0			
0	1			
1	0			
1	1			

A	B	$\overline{A}$	$\overline{B}$	X
0	0			
0	1			
1	0			
1	1			

解答群

ア.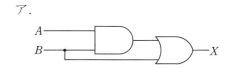

A	B	$A \cdot B$	B	X
0	0			
0	1			
1	0			
1	1			

イ.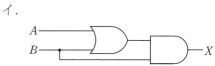

A	B	$A+B$	B	X
0	0			
0	1			
1	0			
1	1			

ウ.

A	B	X
0	0	
0	1	
1	0	
1	1	

エ.

A	B	$A \oplus B$	X
0	0		
0	1		
1	0		
1	1		

オ.

A	B	$A+B$	X
0	0		
0	1		
1	0		
1	1		

カ.

A	B	$A \cdot B$	X
0	0		
0	1		
1	0		
1	1		

2 章 総合問題

1. 次の各問いに答えなさい。

① 情報量の最小の単位で 2 進数の 1 ケタ分を何というか。

② 2 進数の 8 ケタ分の単位を何というか。

③ 4 ビットで表現できる状態は，最大**何種類**か。

④ 1 バイトで表現できる状態は，最大**何種類**か。

⑤ 5 ビットの 2 進数で 10 進数の正の整数を表すとき，もっとも**大きい値**はいくらか。

2. 次の①〜③に当てはまる数値を答えなさい。

2 進数	10 進数	16 進数
①	35	②
10100101	③	A5

3. 次の 2 進数の計算をし，2 進数で答えなさい。

①
```
   1110
+) 1011
  ┌─────┐
  │  ①  │
  └─────┘
```

②
```
   1001
-) 0111
  ┌─────┐
  │  ②  │
  └─────┘
```

③
```
   1010
×) 0101
  ┌─────┐
  │  ③  │
  └─────┘
```

4. 次の真理値表で表される回路を解答群から選びなさい。

①

A	B	X
0	0	0
0	1	1
1	0	1
1	1	1

②

A	B	X
0	0	1
0	1	0
1	0	0
1	1	0

③

A	B	X
0	0	0
0	1	0
1	0	1
1	1	0

④

A	B	X
0	0	1
0	1	1
1	0	1
1	1	0

解答群

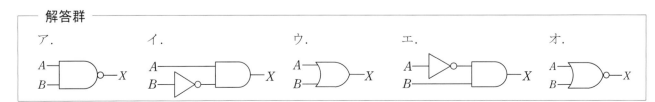

ア.　イ.　ウ.　エ.　オ.

2

1. 次の 2 進数の計算をし，2 進数で答えなさい。

①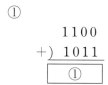

```
      1100
  +)  1011
    ┌─────┐
    │  ①  │
    └─────┘
```

②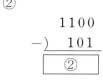

```
      1100
  -)   101
    ┌─────┐
    │  ②  │
    └─────┘
```

③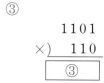

```
      1101
  ×)   110
    ┌─────┐
    │  ③  │
    └─────┘
```

2. 2 進数の 100101 を 10 進数に変換しなさい。

3. 10 進数の 78 を 16 進数に変換しなさい。

4. 次に示す回路の真理値表を完成させ，それに適する論理式を解答群から選び，記号で答えなさい。

(1)

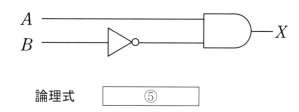

論理式 ┌─────────┐ ⑤ └─────────┘

真理値表

入 力		出 力
A	*B*	*X*
0	0	①
0	1	②
1	0	③
1	1	④

(2)

論理式 ┌─────────┐ ⑩ └─────────┘

真理値表

入 力		出 力
A	*B*	*X*
0	0	⑥
0	1	⑦
1	0	⑧
1	1	⑨

解答群

ア．$X = A + \overline{B}$　　　　イ．$X = A \cdot B + \overline{A} \cdot \overline{B}$　　　　ウ．$X = \overline{A} + B$

エ．$X = \overline{A} \cdot B + A \cdot \overline{B}$　　　オ．$X = A \cdot \overline{B}$

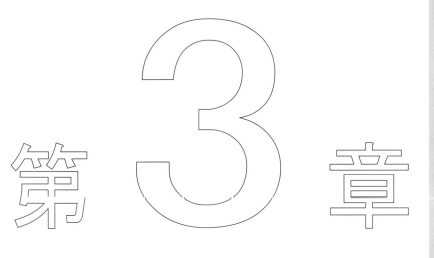

第3章

コンピュータの構成 と はたらき

1. コンピュータの基本構成

五 大 装 置

　コンピュータは，大きく5つの装置に分類することができる。それぞれの装置は，**入力装置・記憶装置**（**主・補助**）**・算術論理演算装置・出力装置・制御装置**であり，これをコンピュータの**五大装置**という。

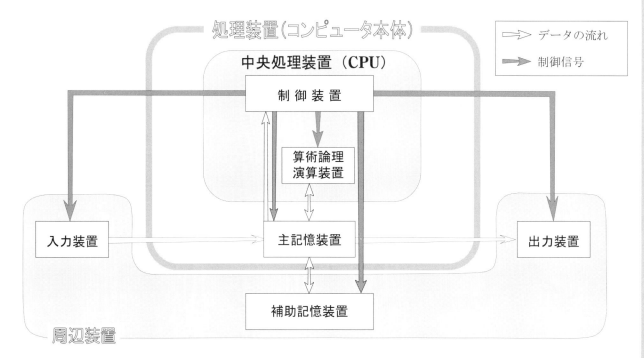

コンピュータがデータを処理するとき…

　　　　　実行に先立ち，実行の手順であるプログラムを**主記憶装置**に記憶させる。
　　　　　　　　　　　　　　　　　⇩
　制御装置は記憶された命令を1つずつ順番に主記憶装置から読み取り，解読する。
　　　　　　　　　　　　　　　　　⇩
　　　　　　　　制御装置が各装置に指令を出す。
　　　　　　　　　　　　　　　　　⇩
　　　　　　　　　各装置が処理を行う。

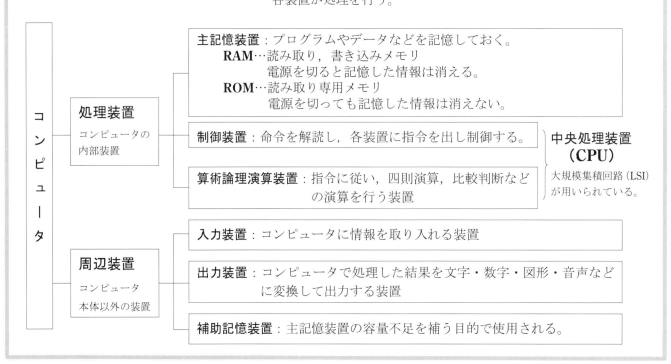

問1 次の ① ～ ⑤ に該当する語句を解答群から選び，記号で答えなさい。

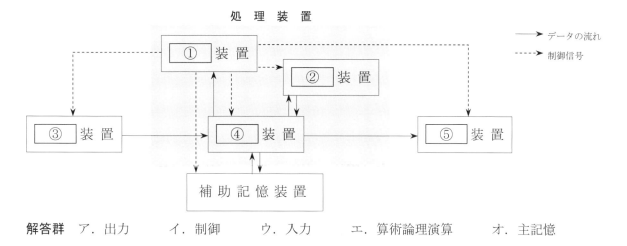

解答群　ア．出力　　　イ．制御　　　ウ．入力　　　エ．算術論理演算　　　オ．主記憶

問2 次の①～⑤の文に相当する装置を解答群から選びなさい。

①　命令を解読して，他の装置に信号を送る。

②　プログラムやデータを取り入れる。

③　四則演算や論理演算を行う。

④　プログラムやデータを記憶する。

⑤　計算結果などを文字として印刷する。

解答群　ア．算術論理演算装置　　イ．出力装置　　ウ．主記憶装置　　エ．入力装置　　オ．制御装置

問3 コンピュータの構成について，空欄に最も適する語句を解答群から選びなさい。

(1) 処理装置には，　①　，　②　，　③　が含まれている。

(2) 制御装置は　④　に演算命令を出し，　⑤　からデータを取りだして　⑥　で演算を行う。

(3) 　⑦　を使って，プログラムの命令などを解読し，各装置を制御する。

(4) 四則演算や比較判断などは，　⑧　を使って行う。

(5) プログラムやデータは，電源を切っても情報が消えない　⑨　に格納する。

解答群　　ア．入力装置　　　　イ．出力装置　　　　ウ．主記憶装置

　　　　　エ．制御装置　　　　オ．算術論理演算装置　　カ．補助記憶装置

問4 次の文の空欄に最も適する語句を解答群から選びなさい。

コンピュータが　①　を処理する働きは，実行の手順を記述した　②　を　③　に記憶しておいて，　④　が，　③　から読み取り，　⑤　に指示を出して処理を行う。

解答群　　ア．各装置　　　　イ．プログラム　　　　ウ．制御装置

　　　　　エ．主記憶装置　　オ．データ

2. コンピュータの周辺装置

(1) 入力装置

キーボード	キーを押して命令やデータを直接入力するコンピュータの標準的な入力装置
マウス	X軸方向，Y軸方向の移動量を検出し，コンピュータへの命令を選択するポインティングデバイス機器
デジタイザ（タブレット）	センサーがついた板状の台と入力用のペン型の装置の組み合わせのポインティングデバイス機器
イメージスキャナ	印刷物，写真などをコンピュータに静止画として取り込む装置 **OCR**（光学式文字読み取り装置） 　読み取った画像を文字に置き換える装置 **OMR**（光学式マーク読み取り装置） 　鉛筆で塗りつぶされたマークシートを読み取る。
タッチスクリーン	ディスプレイ画面などに，直接触れる形で入力する装置
バーコードリーダ	バーコードを読み取る機器
その他	**トラックボール**…ボールを回転させるポインティングデバイス機器 **ジョイスティック**…レバーで入力を行う。 　　　　　　　　　　主にゲームのコントローラに使用される。

(2) 出力装置

液晶ディスプレイ（**LCD**）CRTディスプレイ	コンピュータからのデータを画面に出力するコンピュータの標準的な出力装置
音声出力装置	コンピュータから音声を出力する装置（スピーカ等）
プリンタ	コンピュータから紙などに出力する装置 （レーザプリンタ，インクジェットプリンタ，X−Y プロッタ，ドットインパクトプリンタ等）

(3) 補助記憶装置

磁気ディスク	ハードディスク装置（**HDD**），フロッピーディスク装置（**FDD**）
光ディスク	コンパクトディスク（CD） 　（CD−ROM（読み取り専用），CD−R（一度だけ書込み），CD−RW（再書き込み可）） ディジタル多目的ディスク（DVD） 　（DVD−ROM（読み取り専用），DVD−R（一度だけ書込み），DVD−RW・DVD−RAM（再書き込み可））
光磁気ディスク	レーザ光を照射し，磁気と熱で磁化の方向を変えることでデータを記録する。（MO，MD等）
フラッシュメモリ	USBメモリカード，SDカード等
その他	ディジタルテープレコーダ

USB…コンピュータに各種周辺機器を接続するシリアルインターフェースの規格

問 1 次の説明に最も適する語句を解答群から選びなさい。

① X軸方向，Y軸方向に自由自在に移動するペンを用いて，製図の図面などを出力する。

② X軸方向，Y軸方向の移動量を検出してコンピュータへの命令を選択するポインティングデバイス。

③ X軸方向，Y軸方向の位置をボードとペンを用いて検出するポインティングデバイス。

④ スーパーマーケットのレジで，商品に付いている縞模様のステッカーなど読み取る装置。

⑤ 写真や図，文字などをコンピュータに静止画データとして読み取る装置。

⑥ 主にゲームのコントローラに使用される，レバーで入力する装置。

⑦ 文字，数字，記号や命令のためのキーが多数あり，これらを押して命令やプログラム，データを入力する装置。

⑧ コンピュータからのデータを画面に出力する。

解答群

ア．イメージスキャナ

イ．マウス

ウ．バーコードリーダ

エ．ジョイスティック

オ．キーボード

カ．デジタイザ（タブレット）

キ．X−Yプロッタ

ク．液晶ディスプレイ（LCD）

実際の試験では，選択肢に写真は掲載されません。

問**2**　次の用語に最も適するものを解答群から選びなさい。

① DVD　　　　　　② CD　　　　　　③ HDD

④ OMR　　　　　　⑤ LCD　　　　　　⑥ FDD

解答群　　ア．光学式マーク読み取り装置　　　イ．液晶ディスプレイ
　　　　　ウ．ハードディスク装置　　　　　　エ．コンパクトディスク装置
　　　　　オ．ディジタル多目的ディスク装置　　カ．フロッピーディスク装置

問**3**　次の各装置に最も関係のある用語を解答群から選びなさい。

① ハードディスク装置

② 光学式文字読み取り装置

③ ディジタル多目的ディスク装置

④ 液晶ディスプレイ

⑤ 光学式マーク読み取り装置

解答群　　ア．DVD　　　　イ．HDD　　　　ウ．LCD
　　　　　エ．OCR　　　　オ．OMR

問**4**　次の機器について，①〜⑤の文に最も適する装置を解答群から選びなさい。

① 試験などで，マークシートなどに鉛筆で塗りつぶされた部分を読み取る装置

② 磁性体を塗布した円盤を高速回転させ，磁気ヘッドでデータの読み書きをする装置

③ ディジタルオーディオ用のコンパクトディスクと同じ原理の記憶媒体

④ 何度も読み取りや書き込みが可能なディジタル多目的ディスク

⑤ 電気的にデータの読み書きや消去のできるメモリを用いたUSBに接続できる記憶装置

解答群　　ア．DVD−RW　　　イ．HDD　　　　ウ．USBメモリ
　　　　　エ．CD−ROM　　　オ．OMR

第4章

コンピュータの利用

1. ソフトウェアの基礎

コンピュータを動作させるソフトウェアには，CPUやハードディスクなどの周辺装置を制御するための**オペレーティングシステム**と，そのソフトウェア上で動作し，文書作成や，ゲームなど多様な作業を行うための**アプリケーションソフトウェア**とに分けられる。

(1) 基本ソフトウェア（オペレーティングシステム）

オペレーティングシステム（**OS**：Operating System）は，ハードウェアの違いを吸収して同じ利用環境や開発環境を提供する。例えば，下図に示すように，コンピュータの機種が違っても同じOSが動作する環境であれば，同じ**アプリケーションプログラム**を利用することができる。

OSは，コンピュータの機能を実現するため，次のようなプログラムから構成されている。

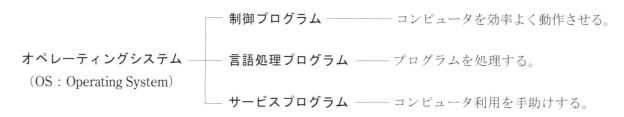

また，OSは，コンピュータの機種ごとのハードウェアの違いに対応するしくみになっているため，コンピュータに新しい装置を接続した場合には，その装置に対応した**デバイスドライバ**と呼ばれるソフトウェアを組み込む必要がある。

(2) パソコンのオペレーティングシステム

ディスク オペレーティングシステム	初期の **OS** で，ディスク管理が中心であったので **DOS**（Disk Operating System）と呼ばれた。 命令を文字で入力する方式で，**CUI**（Character User Interface)ともいう。
ウィンドウ型 オペレーティングシステム	命令をキーボードから入力する代わりに，**それぞれの命令を図形化したもの（アイコン）とマウスで操作を実行する**方式で，**GUI**(Graphical User Interface)ともいう。
U N I X，Linux	同時に複数の利用者が複数のプログラムを実行することができる**マルチユーザ，マルチタスク**の機能を持つ。近年は，Linux という名前でパソコンやサーバの OS として多く利用されている。

（3）ファイル

　一般にプログラムやデータは**ファイル**という単位で保存されている。

　ファイルは下図のように**ディレクトリ**（フォルダともいう）を作成し，**階層構造**（**ツリー構造**）で管理すると整理しやすい。

　　　　　□：ディレクトリ

　　　　　□：ファイル

ファイルの階層構造

参　考

階層構造

　図書館で「工学書」「文学書」…という分類の中に，さらに「情報」「機械」「電気」…と分類を細かくしていくことに似ている。

工　学　書						文　学　書		
給水装置工事の本	給水装置工事士の本	電気工事士技能	電気工事士筆記	情報技術検定3級	情報技術検定2級	情報技術検定1級	文学散歩	多武峯紀行	水を探る上	水を探る下

（4）アプリケーションソフトウェア

アプリケーション	主　な　用　途　等
ワードプロセッサ	**文書作成**を簡単に行えるようにしたプログラムである。また，図形や写真を簡単に取り入れることができるようになっている。
表　計　算	データを**ワークシート**（表）のセルに入力し，簡単に縦横の集計や統計などが行えるプログラムである。また，データの並べ替え（ソート），データ検索やグラフ作成が簡単に行える。
データベース	大量のデータを相互に関係を持たせ，多目的に**データ検索や更新・削除**などができるように効率良く管理するプログラムである。データの蓄積検索，更新が容易である。
プレゼンテーション	画像，音声，動画を利用して**研究発表**や**製品説明**などをコンピュータで行えるようにしたプログラムである。
画　像　処　理	簡単に**グラフィック図形**が作成できるプログラムである。図形のコピー，拡大，縮小，回転，変形などが簡単に行える。また，写真やイメージスキャナで取り込んだ静止画を編集・加工することができる。
CAD Computer Aided Design	建築図面や設計図などの**各種図面を簡単に作成**，**管理できる**プログラムである。
通　信	コンピュータ通信を行うためのプログラムである。インターネットのWebページを閲覧するための **Web ブラウザ**，電子メールをやり取りするための**メールソフト**などがある。
CAI Computer Aided Instruction	コンピュータを使用して，いろいろな**学習を支援する**プログラムである。

(5) 著 作 権

ソフトウェアなどの著作物は，著作者の権利を法的に保護する著作権法によって守られている。

フリーウェア：著作権は放棄されていないが，無料で配布されているソフトウェア

シェアウェア：一定の試用期間を越えて利用する場合に登録料などを支払うソフトウェア

(6) 言語処理プログラム

いろいろな言語で書かれたプログラム（原始プログラム）を機械語に翻訳したり，プログラムの実行を助けるためのプログラムである。

低水準言語	機 械 語	コンピュータが直接理解できる「1」と「0」の組み合わせでできている言語
	アセンブラ言 語	機械語の命令を簡略な記号を付けて分かりやすく表した言語 この記号を**ニーモニックコード**と呼び，機械語の命令と1対1で対応している
高水準言語	インタプリタ言 語	ソースプログラムの命令を1命令ごとに機械語に翻訳し，実行する言語
	コンパイラ言 語	ソースプログラム全体を機械語に翻訳し，その後で実行を行う言語

(7) プログラム言語

BASIC	**初心者向きの会話型言語**として米国ダートマス大学で開発された
C	UNIX開発のための言語として**AT&T**のベル研究所で開発された。いろいろな**ソフトウェア開発**に使われている。また，オブジェクト指向型言語の機能を取り入れた**C++**が良く使われている。
Java	オブジェクト指向型言語であり，仮想コンピュータ上で動作するため，**OSなどに依存しない言語**である。携帯電話やWebのアプリケーションによく使われている。
FORTRAN	**科学技術計算**によく使われた言語でIBMで開発された
COBOL	大型コンピュータでの商業利用に使われる**事務処理向き言語**
Python	通常のアプリケーション開発やWeb用，組み込み用ソフトウェア開発に使われる。少ないコードで簡潔に書け，専門的なライブラリを使うことで，人工知能やビックデータ解析なども開発できる。

(8) マークアップ言語

HTML	タグという特殊な命令を用いて，文書のデザインや次の文書へのリンクなどを定義できる。Webページを作成するために用いられる。

問1 次の文の空欄に最も適する語句を解答群から選びなさい。

コンピュータのソフトウェアは，機能面から大きく分けてコンピュータの周辺装置の制御など基本的な処理を行う ① と，ワープロや表計算などを行う ② とに分けられる。周辺装置のハードウェアは ③ というソフトウェアによって制御されているため，新しく周辺装置を追加して接続したときには ③ も追加する必要がある。

パソコンの ① は，プログラムやデータを ④ という単位で保存する。複数の ④ を，⑤ という単位で分類し，階層構造（ツリー構造）で管理する。

解答群　　ア．オペレーティングシステム　　イ．ディレクトリ　　ウ．デバイスドライバ
　　　　　エ．ファイル　　　　オ．アプリケーションソフトウェア

問2 次の文章中の □ に適する語句を解答群から選びなさい。

コンピュータの，機種の違いを吸収するソフトウェアを ① という。これは，コンピュータを効率よく動作させる ② プログラム，プログラムを処理する ③ プログラムとサービスプログラムから構成されている。言語処理プログラムは，コンピュータが理解しやすい ④ と人間が理解しやすい ⑤ に分けられる。

解答群　　ア．言語処理　　イ．高水準言語　　ウ．低水準言語
　　　　　エ．制御　　　　オ．オペレーティングシステム

問3 次のアプリケーションソフトウェアでの作業に最も関係の深いものを解答群から選びなさい。

① レポートや案内などの文書を作成する。
② 成績一覧表や売上一覧表などをワークシートで作成し，集計なども行える。
③ 新製品の発表や，調査結果の発表などを支援する。
④ コンピュータに表示される質問に答えたり，画面の説明を読みながら学習する。
⑤ 大量のデータを管理して，集計や検索などに利用する。
⑥ ディジタルカメラで撮影した写真の編集をする。
⑦ 建築物や電気配線の図面をコンピュータで設計製図する。
⑧ Webページを閲覧したり，電子メールを送ったりする。

解答群　　ア．画像処理　　　　　　イ．プレゼンテーション
　　　　　ウ．CAI　　　　　　　エ．CAD
　　　　　オ．通信　　　　　　　カ．データベース
　　　　　キ．表計算　　　　　　ク．日本語ワードプロセッサ

問4　次の言語の説明に最も関係の深いものを解答群から選びなさい。

①　コンピュータが直接理解して実行できるプログラム言語

②　コンピュータの各命令に覚えやすい簡略な記号を付けて，分かりやすくした低水準のプログラム言語

③　人間が理解しやすい言葉で記述されたプログラムを，実行する前に一括してコンピュータが理解できる言語に変換して利用するプログラム言語

④　人間が理解しやすい言葉で記述されたプログラムを，実行のつど 1 命令ずつコンピュータが理解できる言語に変換して利用するプログラム言語

　　解答群　　　ア．アセンブラ語

　　　　　　　　イ．コンパイラ言語

　　　　　　　　ウ．機械語

　　　　　　　　エ．インタプリタ言語

問5　次の言語の説明に最も関係の深いものを解答群から選びなさい。

①　数値解析など科学技術計算に適した言語で 1956 年に IBM で開発された。

②　事務処理に適した言語で 1959 年にデータシステム言語協会で開発された。

③　初心者向けに開発された言語で 1964 年にダートマス大学で開発された。

④　UNIX の記述用に作られたシステム開発用の言語で，1975 年に AT&T ベル研究所で開発された。

⑤　OS やコンピュータの機種などに依存しない言語で，1995 年にサンマイクロシステムズで開発された。

⑥　タグという特殊な命令で，文書のデザインやほかの文書へのリンクなどを定義できるマークアップ言語

⑦　いろいろな分野のプログラム開発が可能な言語で，1991 年にオランダ人のグイド・ヴァンロッサム氏が開発した。

　　解答群　　　ア．BASIC

　　　　　　　　イ．C

　　　　　　　　ウ．FORTRAN

　　　　　　　　エ．COBOL

　　　　　　　　オ．Java

　　　　　　　　カ．Python

　　　　　　　　キ．HTML

2. マルチメディア

　文字だけでなく，音声，画像，動画などのさまざまなデータ（コンテンツ）をディジタル化し，**コンピュータで融合した情報として扱える技術**をいう。コンピュータによるマルチメディアの利用は，情報の発信者と受信者が相互に情報を交換する**双方向性（インタラクティブ）**が特徴である。

(1) A－D 変換

　静止画像や動画像を電気信号に変換するとアナログ信号になる。これをマルチメディアとして利用するときにはディジタル信号に変換しなければならない。アナログ信号からディジタル信号へは次のような手順で変換され，これを **A－D 変換**という。逆の手順でディジタル信号をアナログ信号に変換することを **D－A 変換**という。

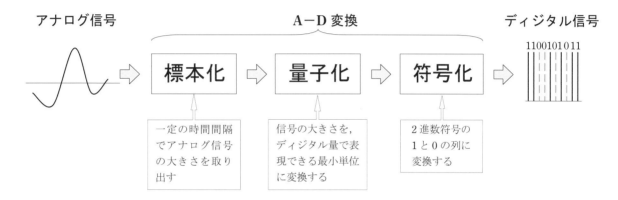

(2) 圧　縮

　動画，静止画，音声などのデータは，サイズが大きくなるため，アナログ信号に戻したときの品質が使用に差し支えない範囲で**圧縮**したり，**記号に置き換え**たりして，**データのサイズを小さくして保存，伝送**をする。

マルチメディアで取り扱うデータ形式の一例

静止画	**BMP**	マイクロソフト社 Windows における画像の標準形式で，圧縮しないで保存する。
	JPEG	フルカラー（約 1677 万色）を扱うことが可能で写真画像などを圧縮する国際的な標準となっている形式で，ディジタルカメラの保存形式や Web ページ上の写真画像に利用される。
	GIF	カラーは 256 色を扱うことが可能で，イラストなどを圧縮する形式で，Web ページなどで利用されている。
	PNG	フラカラーの画像を劣化させないで圧縮する形式で，インターネットで標準的に利用されている。
動画	**MPEG**	DVD ビデオやディジタル放送は MPEG2，携帯電話などオンラインでは MPEG4 が利用されている
	AVI	マイクロソフト社 Windows で動画を扱う形式である。
音声	**WAVE**	パルス符号変調方式（PCM）で録音する形式である。
	FM 音源	正弦波曲線を周波数変調することでさまざまな音を作り出す音源を利用する形式である。
	MP3	MPEG で規定している音声圧縮の規格を利用する形式で，CD の音質が得られる。
	MIDI	楽器等の音や音符データなどを記号に置き換えて圧縮する形式で，電子楽器やコンピュータに音楽演奏をさせるときに利用される。

例題

次の文の空欄に最も適する語句を解答群から選びなさい。

マルチメディアパソコンに必要な機能は，　①　やハードディスクなどの大容量の記憶媒体が利用でき，音声を処理できる　②　，色数の多い　③　を持つものである。また，写真や書類などを電子化する　④　や，現像のいらない　⑤　などの周辺機器，　⑥　などを利用した高速な通信回線が利用できると便利である。

解答群　　ア．ビデオチップ　　　　　イ．DVD－ROM　　　　　ウ．サウンドチップ

　　　　　エ．光ファイバ　　　　　　オ．ディジタルカメラ　　　カ．イメージスキャナ

解説

ビデオチップやサウンドチップはコンピュータに内蔵されているLSIのことである。マルチメディアに関する周辺機器としてイメージスキャナ，ディジタルカメラ，ディジタルビデオ，カラープリンタなどがあげられる。

解答　①イ．　②ウ．　③ア．　④カ．　⑤オ．　⑥エ．

問1 A－D変換に関する次の図の空欄に最も適する語句を解答群から選びなさい。

アナログ信号 ⇨ 　①　 ⇨ 　②　 ⇨ 　③　 ⇨ ディジタル信号

解答群　　ア．復号　　　イ．標本化　　　ウ．符号化　　　エ．　量子化

問2 次の文の空欄に最も適する語句を解答群から選びなさい。

マルチメディアシステムで扱う音声，静止画像，動画像などは，　①　信号なので，コンピュータで処理できるように　②　を使って，　③　信号に変換する必要がある。これらのマルチメディアの内容を　④　といい，CD－ROMなどにおける各種のデータを組み合わせた付加価値を持った情報をいう。このような　④　は，利用者がコンピュータや端末と会話をするように，　⑤　に利用できることが多い。これを情報伝達の　⑥　性という。

解答群　　ア．A－D変換器　　　　イ．双方向　　　　　　ウ．インタラクティブ

　　　　　オ．アナログ　　　　　　カ．ディジタル　　　　キ．コンテンツ

問3 次の説明の際に利用するデータ形式で最も関係の深いものを解答群から選びなさい。

① 携帯用音楽プレーヤで圧縮した音楽を聞きたい。

② 旅行先で撮影したディジタルカメラのデータをWebページに掲載したい。

③ ディジタルビデオの映像データを編集してDVDを作成したい。

④ 256色でイラストを描きアニメーション形式で保存してWebページに掲載したい。

⑤ コンピュータを使ってシンセサイザを自動演奏させたい。

⑥ 図やイラストなどを無劣化で圧縮してWebページで利用したい。

解答群　　ア．JPEG　　イ．MP3　　ウ．PNG　　エ．MIDI　　オ．MPEG　　カ．GIF

3. ネットワーク

コンピュータ間を**通信回線**で**接続**してデータのやりとりをするシステムをネットワークと呼び，コンピュータ2台だけのネットワークからインターネットまで，様々な規模のネットワークが存在する。

(1) LANとWAN

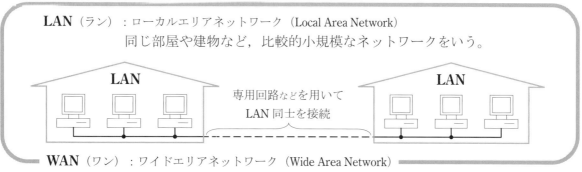

LAN（ラン）：ローカルエリアネットワーク（Local Area Network）
　　　同じ部屋や建物など，比較的小規模なネットワークをいう。

専用回路などを用いて
LAN同士を接続

WAN（ワン）：ワイドエリアネットワーク（Wide Area Network）
　　　離れているLANとLANを通信回路などで接続したもの。

(2) クライアントサーバ型LANとピアツーピア型LAN

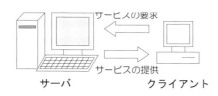

サーバとクライアントは，明確に役割分担をしている

クライアントサーバ（Client Server）

サービスの提供を行うコンピュータを**サーバ**という。
サービスを受けるコンピュータを**クライアント**という。

サーバでもありクライアントでもある

ピアツーピア（Peer to Peer）

それぞれのコンピュータが**クライアントでありサーバである**ようなネットワーク接続。
　すべてのコンピュータが対等にお互いに資源を提供したり利用したりできる。

(3) LANの接続方法

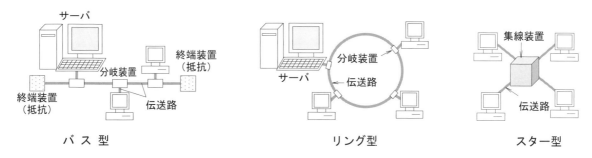

バス型　　　　　　　　リング型　　　　　　　　スター型

LANの接続器具

　　　LANの集線装置に**ハブ**（HUB）がある。また，ネットワークとネットワークを接続する装置に**ルータ**がある。

（4）インターネット

LANやWANなどの無数のネットワークをさらに接続した**世界規模のネットワーク**をいう。

a. 接続

電話回線，ISDN，**専用回線**などを用いて**プロバイダ**と呼ばれる接続業者経由で接続することが多い。

b. 接続機器

電話回線，ADSL，CATVはアナログ信号とディジタル信号の変換を行う**モデム**（**ADSLモデム**，**CATVモデム**）が，ISDNやFTTHはディジタル回線なので，ディジタル信号同士を変換して接続する機器として**回線終端装置**が必要になる。

	接続	接続機器
アナログ回線	コンピュータをアナログ電話回線に接続する	**MODEM**（**Mo**dulator **De** **m**odulator：モデム）
ADSL（非対称ディジタル加入者回線）	1本の電話回線で電話帯域とデータ通信帯域との周波数を分けて共用するもの	**スプリッタ**を用いて音声信号とディジタル信号を分離する装置
CATV（ケーブルテレビジョン）	ケーブルテレビの回線を用いて常時接続でインターネットに接続する	CATVモデム
ISDN（サービス総合ディジタル通信網）	ディジタル伝送回路で1本の回線でパソコンや電話など複数の機器を接続できる	**TA**（Terminal Adaptor：ターミナルアダプタ）データの信号速度をISDN回線の速度に変換したり，呼出し制御信号を送ったりする **DSU**（Digital Service Unit：回線終端装置）電気的接続などの機能を持つ
FTTH（家庭向光ファイバ）	光ファイバを直接各家庭に引き込むもので，高速で大容量のデータ伝送が可能	コンピュータと光ファイバを接続する回線終端装置

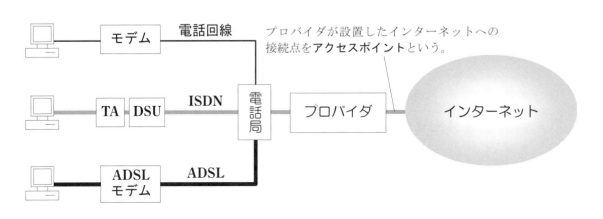

プロバイダが設置したインターネットへの接続点を**アクセスポイント**という。

c. プロトコル

コンピュータ間でデータをやりとりするとき，送信と受信の手順が異なると，うまくデータ伝送ができない。**データ伝送の手順などに関する取り決め**をプロトコルという。

インターネットでは，**TCP/IP**（Transmission Control Protocol / Internet Protocol）が用いられる。

d. IPアドレスとドメイン名

インターネットに接続されたコンピュータは，「192.168.10.1」のように**IPアドレス**と呼ばれる番号で区別される。

IPアドレスは，人間にとっては覚えにくいものであるので，「kantei.go.jp」のような**ドメイン名**で管理している。

ドメイン名からIPアドレスを調べるために，**DNS**（Domain Name System）を用いる。

e. Webページ

WWW（World Wide Web）と呼ばれるサービスを利用する。

HTMLという言語で記述され，**HTTP**というプロトコルで転送される。Webページの情報は，Web**サーバ**に格納されており，利用者は**ブラウザ**と呼ばれるソフトウェアを用いて閲覧する。

それぞれのWebページには，**URL**（Uniform Resource Locator）というアドレスが割りふられており，これをブラウザに入力することにより，特定のWebページを閲覧できる。リンクをたどりながらWebページを次々と閲覧することを**ネットサーフィン**という。

また，**検索エンジン**に，キーワードを入力すると，それに関連するWebページが検索できる。

> **URLの例**　http://www.kantei.go.jp/index.html

f. 電子メール

E−mail（イー・メール）とも呼ばれ，送信者はメールアドレスをつけて送信すると，電子メールがメールサーバに保管される。

受信者はメールサーバから電子メールを呼び出すようになっている。

SMTPというプロトコルでメールを送信し，**POP3**というプロトコルでメールを受信することが多い。

> **メールアドレスの例**　test@kantei.go.jp

g. その他のサービス

ネットニュース 電子掲示板（BBS）	共通のテーマをもつ利用者同士が情報交換をする
FTP	サーバから自分のコンピュータにダウンロードしたりするファイル転送に使うプロトコル
Telnet	他のコンピュータをリモート接続して操作するためのプロトコル

問1　次の文の空欄に最も適する語句を解答群から選びなさい。

　　代表的なネットワークとして，同一構内などの限られた範囲内に設置されたコンピュータ同士を接続する　①　と，　①　同士を接続したりして遠隔地のコンピュータを接続する　②　があげられる。これらのネットワークにおいて，大容量の補助記憶装置やプリンタなどの資源を他のコンピュータに共有させるコンピュータを　③　といい，それらの資源を利用しサービスを受けるコンピュータを　④　という。さらに，これらのネットワーク同士を接続して，全世界規模にネットワークにしたものが，インターネットである。

　　　解答群　　　ア．WAN
　　　　　　　　　イ．LAN
　　　　　　　　　ウ．クライアント
　　　　　　　　　エ．サーバ

問2　LAN に関する①〜⑦の文に最も適する語句を解答群から選びなさい。

　①　1 本のケーブルに，すべての機器を接続する
　②　ケーブルを環状にして，すべての機器を接続する
　③　サーバにクライアントを放射状に接続する
　④　サーバとクライアントを明確に区別して役割分担する
　⑤　すべてのコンピュータが対等にお互いに資源を提供したり利用したりできる
　⑥　ネットワークとネットワークを接続する機器
　⑦　スター型の LAN の集線装置

　　　解答群　　　ア．クライアントサーバ　　　イ．ピアツーピア　　　ウ．スター型
　　　　　　　　　エ．リング型　　　　　　　　オ．バス型　　　　　　カ．ルータ
　　　　　　　　　キ．HUB

問3　モデムに関する①〜⑤の文に最も適する語句を解答群から選びなさい。

　①　電話回線でデータ伝送を行うための変調と復調の行える機器
　②　ADSL で音声信号とディジタル信号を分離する機器
　③　コンピュータを ISDN に接続して通信速度を変換したりする呼び出しを行う機器
　④　ISDN で用いられるデータ回線終端装置で電気的な接続を行う機器
　⑤　FTTH でコンピュータと光ファイバを接続する機器

　　　解答群　　　ア．回線終端装置
　　　　　　　　　イ．DSU
　　　　　　　　　ウ．モデム
　　　　　　　　　エ．TA
　　　　　　　　　オ．スプリッタ

問4 ①〜⑤の文に最も適する語句を解答群から選びなさい。

① ネットワークに接続され，サービスを要求するコンピュータ

② コンピュータをアナログ通信回線に接続するための装置

③ ディジタル回線であり，1本の回線でパソコンや電話など複数の機器を接続できる

④ 両端を終端した1本のケーブルにすべての情報機器を接続する方式のLAN

⑤ データ伝送に関する取り決めのことで，インターネットではTCP/IPが用いられる

解答群　　ア．ISDN
　　　　　イ．サーバ
　　　　　ウ．バス型
　　　　　エ．プロトコル
　　　　　オ．モデム
　　　　　カ．クライアント

問5 ①〜⑩の文に最も適する語句を解答群から選びなさい。

① インターネットに用いられているプロトコル

② インターネットで会社や学校の情報を発信する

③ Webページ作成のための言語

④ 電子メールを送信するときに用いられているプロトコル

⑤ サーバからファイルをダウンロードするときに用いられるプロトコル

⑥ ISDNで用いられるディジタル回線終端装置

⑦ コンピュータをアナログ電話回線に接続する装置

⑧ Webページのアドレス

⑨ コンピュータをDSUをとおしてISDN回線に接続する装置

⑩ Webページを閲覧するためのソフトウェア

解答群　　ア．SMTP　　　　イ．TA　　　　　ウ．Webページ
　　　　　エ．モデム　　　　オ．URL　　　　カ．FTP
　　　　　キ．TCP/IP　　　ク．ブラウザ　　ケ．DSU
　　　　　コ．HTML

問6　①〜⑤の文に最も適する語句を解答群から選びなさい。

① インターネットやパソコン通信に接続したコンピュータ同士で特定の相手とメッセージなどをやりとりする

② 電子メールを送る際に必要な宛先

③ インターネットなどのプロバイダが設置したネットワークへの接続点

④ Web ページが保管されているコンピュータ

⑤ パソコン通信などで，不特定多数の利用者が情報を掲示したり閲覧したりするサービス

解答群　　ア．メールアドレス　　　イ．アクセスポイント　　　ウ．BBS
　　　　　エ．Web サーバ　　　　　オ．E－mail

問7　①〜⑤の文に最も適する語句を解答群から選びなさい。

① Web ページの閲覧に必要なソフトウェア

② Web ページのアドレス

③ インターネット上で，情報を発信するスペース(手段)

④ Web ページのリンクをたどりながら，Web ページを次々と閲覧すること

⑤ Web ページを作成するために用いられる言語

解答群　　ア．HTML　　　　　　イ．Web ページ　　　　ウ．ネットサーフィン
　　　　　エ．ブラウザ　　　　　オ．URL

問8　次の文の空欄に最も適する語句を解答群から選びなさい。

　インターネットではいろいろなサービスを利用することができる。　①　は指定した相手に文字を主体とした情報や手紙（メール）を送ることができる。このシステムでは，　②　を付けて発信した情報は相手先の　③　で蓄えられるので，受信者はいつでも情報を受け取ることができる。

　WWW は　④　という言語で記述されている Web ページを閲覧するためのシステムである。この情報は　⑤　に蓄えられており，一般にその場所は　⑥　で示されることが多い。また，Web ページを表示するためのソフトウェアを　⑦　という。

　インターネット上でテーマ別に分かれて議論や情報交換などが行われる電子掲示板を　⑧　という。

解答群　　ア．メールサーバ　　　　イ．BBS　　　　　　　ウ．HTML
　　　　　エ．E－mail　　　　　　　オ．URL　　　　　　　カ．Web サーバ
　　　　　キ．ブラウザ　　　　　　ク．メールアドレス

第5章 アルゴリズム

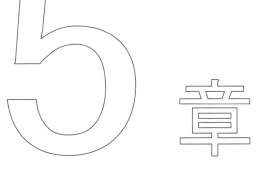

コンピュータで問題を処理する一般的な手順をいう。

それを図で表したものを**流れ図**という。

流れ図には**直線型・分岐型・繰り返し型**の3つの基本構造がある。

名称や意味が分からないと流れ図が理解できないので，**必ず覚える**ようにしよう！！

図記号	名称	使用例	
	端子	開始	ここから処理が始まることを表している
	準備	N←0	Nに0を代入して，以後の処理の準備をする 変数の初期化や配列の宣言などに用いられる
	データ	Aを入力	キーボードなどを利用してコンピュータにデータを入力する。 変数Aにデータが入る。
	処理	Z←X+Y	計算式や処理の内容などを示す。 この処理は，Z=X+Y の計算。
	判断	X>Y No / Yes	XとYを比較して， X>Y ⇨ Yes / X≦Y ⇨ No に分岐する。
始端 終端	ループ端	ループ1 K=0,10,1 / ループ1	Kを0から10まで1ずつ増加させながら，ループ端記号ではさまれた範囲の繰返し処理を行う。

1. 直線型

処理が上から下へと順に行われる最も基本的な流れ図の形である。この型の流れ図では，各処理は順番に1回だけ実行される。計算結果を求める処理などに利用する。

例題

次の流れ図は長方形の面積を求めるものである。

M＝2cm，N＝4cm としたとき，出力される数値S はいくらか。

また，①に適するものを解答群から選びなさい。

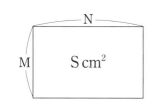

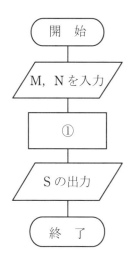

解答群

ア．S←M÷N

イ．S←M×N

ウ．S←M＋N

ここから処理が始まる

開　始

M×N＝S の計算を行う。

実際の処理では結果が
変数Sに格納されるため，
このような表記をする。

M，N を入力　　キーボードなどからデータを入力する

S←M×N　　処理（公式を使った計算など）を行う

S の出力

計算結果をディスプレイやプリンタに
出力する

終　了

ここで処理が終わる

解答　イ．

・①の図記号 ⇨ 処理を表す

・長方形の面積の公式 ⇨ タテ×ヨコ ⇨ M×N→S

問1　次の流れ図は，円の半径 **R** を入力し，円周 **L** を求め出力するものである。①～③に適するものを解答群から選び，記号で答えなさい。

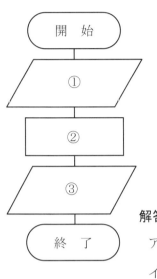

解答群

　ア．R を入力

　イ．R を出力

　ウ．L←2×3.14×R

　エ．L←3.14×R

　オ．L を入力

　カ．L を出力

問2　次の流れ図は，商品の価格 **KA** を入力し，税率 **10 %** 込みの価格 **ZK** を求め出力するものである。①～③に適するものを解答群から選び，記号で答えなさい。

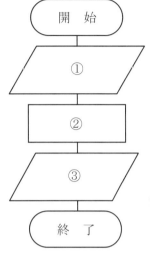

解答群

　ア．KA を出力

　イ．KA を入力

　ウ．ZK を出力

　エ．ZK を入力

　オ．ZK←KA＋KA×10

　カ．ZK←KA＋KA×0.1

問3　次の流れ図は，ひし形の対角線 **A** と **B** の長さを入力し，面積 **S** を求め出力するものである。①～③に適するものを解答群から選び，記号で答えなさい。

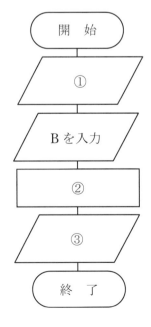

参考
$$S = \frac{A \cdot B}{2}$$

解答群

　ア．A を出力

　イ．A を入力

　ウ．S←A×B×2

　エ．V←A×B÷2

　オ．S を出力

　カ．S を入力

問4　次の流れ図は，テストの問題数 M［問］と正解数 S［問］を入力し，正解率 R［%］を求め出力するものである。①～③に適するものを解答群から選び，記号で答えなさい。

解答群

　ア．M を出力

　イ．M を入力

　ウ．R ← M÷S×100

　エ．R ← S÷M×100

　オ．R を出力

　カ．R を入力

問5　次の流れ図は，図に示す直角三角形の 2 辺の長さ A と B を入力し，斜辺の長さ C を求め出力するものである。①～③に適するものを解答群から選び，記号で答えなさい。

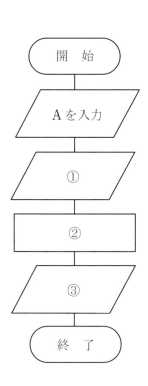

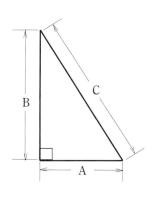

解答群

　ア．C を入力

　イ．C を出力

　ウ．C ← $\sqrt{A^2+B^2}$

　エ．C ← A^2+B^2

　オ．B を入力

　カ．B を出力

2. 分 岐 型

1個なら定価のままであるが，同じ商品をまとめて買うと割引になることがよくある。このように，ある条件（個数）によりその後の処理（値段）が2つ以上に分かれることを**分岐**という。

例題

右の流れ図は，2数 A と B を入力し，その大小関係を出力するものである。流れ図の①〜③に適するものを解答群から選びなさい。

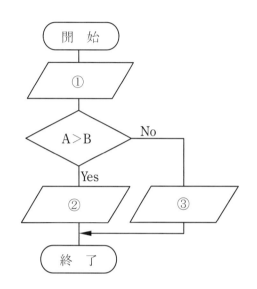

解答群

ア．"A≦B"の出力

イ．"A>B"の出力

ウ．"A<B"の出力

エ．A，B を入力

解説

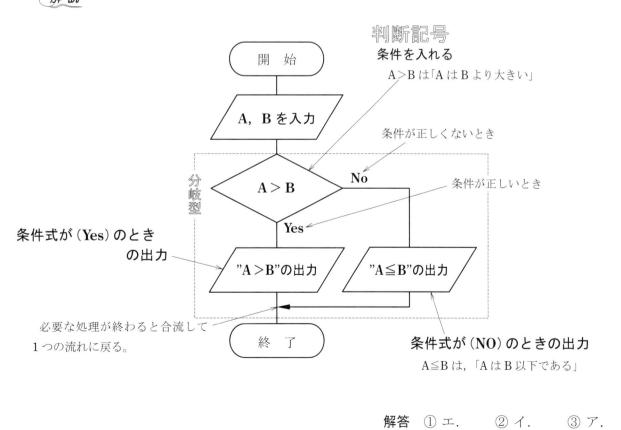

解答　①エ．　②イ．　③ア．

問1　次の流れ図は，テストの点数 TEN を入力し，40 点以下なら不合格，それ以外なら合格と出力するものである。①～③に適するものを解答群から選び，記号で答えなさい。

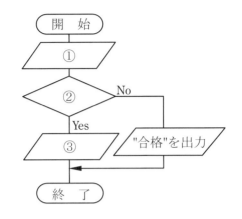

解答群

　ア．TEN を入力　　　イ．TEN を出力

　ウ．TEN≧40　　　　エ．TEN≦40

　オ．"不合格"を出力　　カ．"不合格"を入力

問2　次の流れ図は，入力した整数 S が偶数か，奇数かを判断し，その結果を出力するものである。流れ図の①～③に適するものを解答群から選び，記号で答えなさい。

　ただし，MOD（S，2）とは S を 2 で割ったときの余りを求めるものである。

解答群

　ア．D＝0

　イ．S＝0

　ウ．S を出力

　エ．S を入力

　オ．"偶数"を出力

　カ．"奇数"を出力

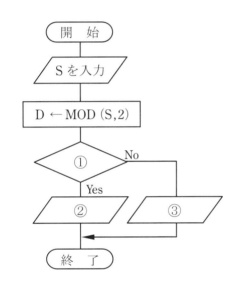

Sが10のとき ⇨ S÷2＝5　余り0　（Sは偶数）
Sが15のとき ⇨ S÷2＝7　余り1　（Sは奇数）
したがって，Sを2で割った余りが 0 のとき ⇨ Sは偶数
Sを2で割った余りが 1 のとき ⇨ Sは奇数

問3　次の流れ図は，変数 T に数値を読み取り，右表のようなメッセージを出力するものである。流れ図の①～③に適するものを解答群から選び，記号で答えなさい。

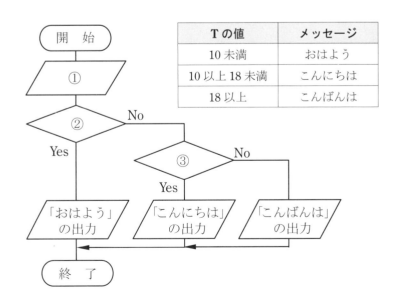

Tの値	メッセージ
10 未満	おはよう
10 以上 18 未満	こんにちは
18 以上	こんばんは

解答群

　ア．T＜10　　　イ．T≦10

　ウ．T を入力　　エ．T を出力

　オ．T＜18　　　カ．T≧18

問4 次の流れ図は, 異なる二つの数値 M と N を入力し, 小さい方の数値を2倍し, 出力するものである。
①〜③に適するものを解答群から選び, 記号で答えなさい。

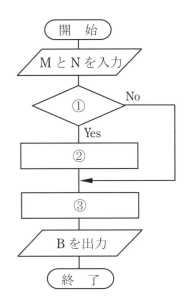

解答群

ア. N ← M

イ. M ← N

ウ. B を入力

エ. B ← 2×N

オ. M < N

カ. M > N

問5 次の流れ図は, 2次方程式 $Ax^2+Bx+C=0$ $(A≠0)$ の係数 A, B, C を読み取り, 解の判別をする
ものである。①〜③に適するものを解答群から選び, 記号で答えなさい。

解の判別($D=B^2-4AC$)

D の値	解
正	2つの実数
0	1つの実数
負	2つの虚数

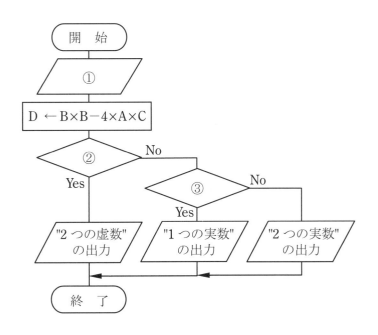

解答群

ア. A, B, C を入力

イ. D を入力

ウ. D ≦ 0

エ. D < 0

オ. D = 0

カ. D > 0

3. 繰返し型　1

次の流れ図は，**NS＝0＋4＋8＋・・・＋24** を求めるものである。

流れ図中の①，②に適するものを解答群から選びなさい。

解答群　ア．N ← N＋4

　　　　イ．N ← N＋N

　　　　ウ．NS ← NS＋N

　　　　エ．NS ← NS＋4

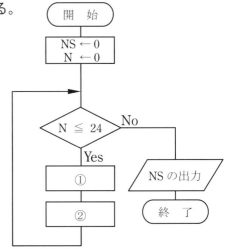

> ヒント　数 N の値を 4 ずつ増やす処理は
> $$N ← N＋4$$　　　　を繰り返す。

解 説

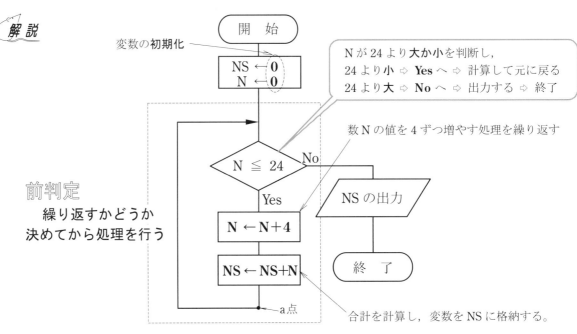

変数の初期化

N が 24 より **大**か小を判断し，
24 より小 ⇨ **Yes** へ ⇨ 計算して元に戻る
24 より **大** ⇨ **No** へ ⇨ 出力する ⇨ 終了

数 N の値を 4 ずつ増やす処理を繰り返す

前判定
繰り返すかどうか
決めてから処理を行う

合計を計算し，変数を NS に格納する。

処理の流れを追いながら変数の値の変化を確認することを**トレース**という。
トレースを行うことにより，アルゴリズムが正しいかどうかを確認する。

下の表は，図中の a 点を通過するときの値の変化を表したものである。

トレース表

繰返し処理の回数	N	NS	N≦24	
1	4	4	Yes	
2	8	12	Yes	
3	12	24	Yes	⟩ 繰返し処理が続く
4	16	40	Yes	
5	20	60	Yes	
6	24	84	No	← 繰返し処理が終る

　N は 4 ずつの増加　　　NS は前の NS と回数（N）の和

N を増加した後で合計を計算する

解答　　① ア．　　　② ウ．

問**1**　次の流れ図は，1 から 10 までの整数を順番に出力するものである。①〜③に適するものを解答群から選び，記号で答えなさい。

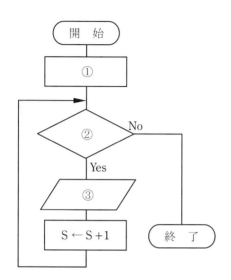

解答群
ア．S ← 1
イ．S ← 10
ウ．S を入力
エ．S を出力
オ．S ≦ 10
カ．S < 10

問**2**　次の流れ図は，「こんにちは」を 5 回出力するものである。①〜③に適するものを解答群から選び，記号で答えなさい。

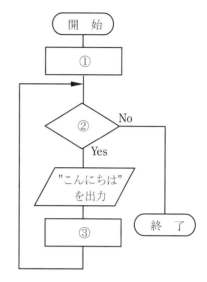

解答群
ア．M ← 1
イ．M ← 0
ウ．M ← M+1
エ．M ← M−1
オ．M < 5
カ．M > 5

問**3**　次の流れ図は，1〜99 までの偶数 の合計を求め出力するものである。①〜③に適するものを解答群から選び，記号で答えなさい。

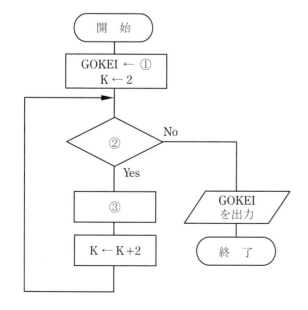

解答群
ア．0
イ．1
ウ．K < 98
エ．K ≦ 98
オ．GOKEI ← GOKEI + K
カ．GOKEI ← GOKEI + 1

4. 繰返し型　2 ～ループ端記号による繰返し処理～

　ループ端記号を使った処理は，3. で学んだ繰り返し処理のもう 1 つの表現方法である。**ループ始端と終端にはさまれた処理を繰り返す。**ループ端記号を使って表すと，流れ線が上から下への一方向だけに統一され見やすいので，繰返し処理はループ端記号で表す場合が多い。

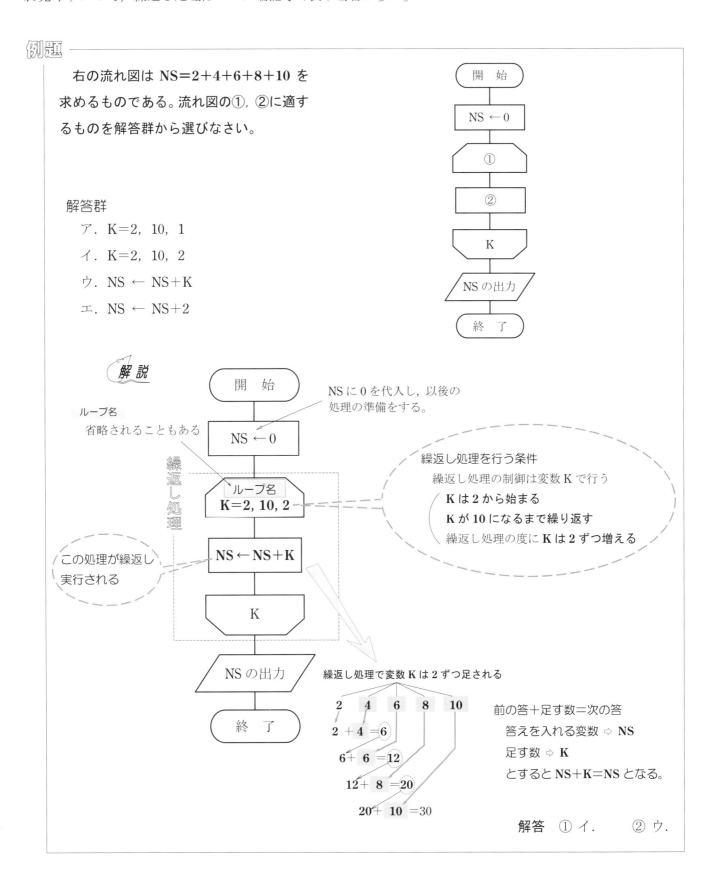

例題

　右の流れ図は NS＝2＋4＋6＋8＋10 を求めるものである。流れ図の①，②に適するものを解答群から選びなさい。

解答群

　ア．K＝2，10，1

　イ．K＝2，10，2

　ウ．NS ← NS＋K

　エ．NS ← NS＋2

解説

NS に 0 を代入し，以後の処理の準備をする。

ループ名
省略されることもある

繰返し処理

この処理が繰返し実行される

繰返し処理を行う条件
　繰返し処理の制御は変数 K で行う
　　K は 2 から始まる
　　K が 10 になるまで繰り返す
　繰返し処理の度に K は 2 ずつ増える

開　始

NS ← 0

ループ名
K＝2, 10, 2

NS ← NS＋K

K

NS の出力

終　了

繰返し処理で変数 K は 2 ずつ足される

2　4　6　8　10

2 ＋ 4 ＝6

6＋ 6 ＝12

12＋ 8 ＝20

20＋ 10 ＝30

前の答＋足す数＝次の答
　答えを入れる変数 ⇨ NS
　足す数 ⇨ K
とすると NS＋K＝NS となる。

解答　①イ．　②ウ．

問1 次の流れ図は 1 から 10 までの整数の和を求め出力するものである。

①〜③に適するものを解答群から選び，記号で答えなさい。

解答群

ア．K＝1，5，2

イ．K＝1，10，1

ウ．N ← K

エ．N ← 0

オ．N ← N＋K

カ．N ← N＋1

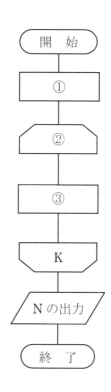

問2 次の流れ図は，データ D に 10 回数値を入力し，5 以上のデータの個数 C を数え，その数を出力するものである。

流れ図の①〜③に適するものを解答群から選び，記号で答えなさい。

解答群

ア．K = 1，10，1

イ．K = 0，10，1

ウ．D ≧ 5

エ．D < 5

オ．C ← C＋K

カ．C ← C＋1

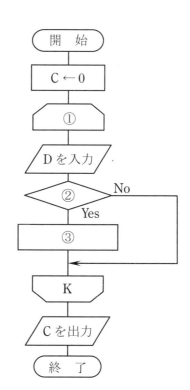

問**3**　次の流れ図は，日給 **5000** 円のアルバイトを **10** 日間行ったときの，日数毎の総収入を出力するものである。①～③に適するものを解答群から選び，記号で答えなさい。

解答群

ア．K = 0, 10, 1

イ．K = 1, 10, 1

ウ．S の出力

エ．D の出力

オ．D

カ．K

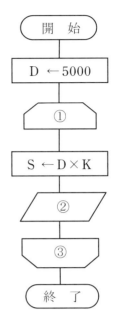

問**4**　次の流れ図は，**10** 人のテスト点 **T** を入力し，一番高い点数 **M** を求め出力するものである。

①～③に適するものを解答群から選び，記号で答えなさい。

解答群

ア．T ＞ M

イ．T ＜ M

ウ．T ← M

エ．M ← T

オ．M を出力

カ．T を出力

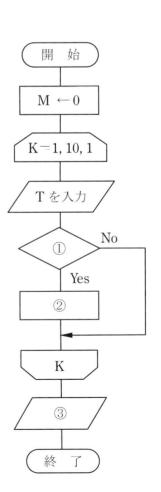

1　次の各問に答えなさい。

問1　次の文に関係の深い語句を解答群から選び，記号で答えなさい。

(1) 自動車や家庭用電気器具に組み込まれた超小型コンピュータ。
(2) 銀行や行政などの基幹システムとして大量のデータを効率よく処理するコンピュータ。
(3) 家庭や事務所などで個人利用を目的としたコンピュータ。
(4) 設計(CAD)，グラフィックデザイン，科学技術計算などに特化した，業務用として使用される高性能なコンピュータ。
(5) 気象予測やシュミレーションなどの大規模計算を行うことを目的としたコンピュータ。

解答群　ア．スーパーコンピュータ　　イ．マイクロコンピュータ　　ウ．ワークステーション
　　　　エ．メインフレーム　　　　　オ．パーソナルコンピュータ

問2　次の語句の説明として最も適切なものを解答群から選び，記号で答えなさい。

(1) BMP　　　(2) JPEG　　　(3) PNG　　　(4) MPEG　　　(5) MP3

解答群
　ア．図やイラストなどの静止画像を圧縮して扱うときのデータ形式
　イ．DVDビデオなどの動画を圧縮して扱うときのデータ形式
　ウ．ディジタルカメラなどの静止画像を圧縮して扱うときのデータ形式
　エ．CDなどの音響データを圧縮して扱うときのデータ形式
　オ．一般に静止画像を圧縮しないで扱うときのデータ形式

2　次の各問に答えなさい。

問1　表中の空欄 ①～⑥ に当てはまる数値を答えなさい。

2進数	10進数	16進数
①	21	②
11 0111	③	④
⑤	⑥	C2

問2　右の2進数の計算を行い，2進数で答えなさい。

(1)
```
   1001
+) 1011
```
(2)
```
   1100
-)  101
```

問3　次の回路について答えなさい。

(1) 右の真理値表を完成させなさい。

(2) 右の真理値表において，出力を求める論理式「A+B」を表す図記号を解答群から選び，記号で答えなさい。

入　力		出　力	
A	B	$A \cdot B$	$A+B$
0	①	0	1
②	0	0	0
③	1	1	1
1	④	0	1

解答群　ア．　　　　　　　　イ．　　　　　　　　ウ．

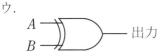

問4　次の文の ① と ② に適する数値を解答群から選び，記号で答えなさい。

(1) 4ビットで表現できる情報は，最大 ① 通りである。
(2) 10進数の127を2進数で表す場合は， ② ビット必要である。

解答群　ア．7　　　　イ．8　　　　ウ．15　　　　エ．16

3 次の流れ図は，台形の上底 **A**，下底 **B** と高さ **H** を入力し，面積 **S** を求め出力するものである。

①〜③に適するものを解答群から選び，記号で答えなさい。

参考

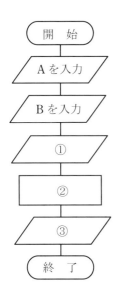

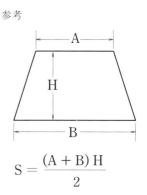

$$S = \frac{(A + B)\,H}{2}$$

解答群

ア．H を入力

イ．H を出力

ウ．S ← (A + B) × H ÷ 2

エ．S ← A + B × H ÷ 2

オ．S を入力

カ．S を出力

---

4 次の流れ図は，**1〜99** までの奇数の合計を求め出力するものである。

①〜③に適するものを解答群から選び，記号で答えなさい。

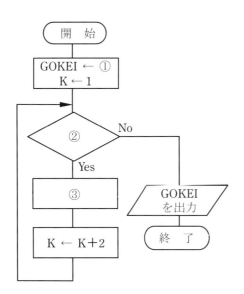

解答群

ア．0

イ．1

ウ．K ＜ 99

エ．K ≦ 99

オ．GOKEI ← GOKEI ＋ K

カ．GOKEI ← GOKEI ＋ 1

---

5 次の流れ図は，データ **D** に **15** 回数値を入力して，その合計 **SUM** と平均値 **AVG** を求め，出力するものである。

①〜③に適するものを解答群から選び，記号で答えなさい。

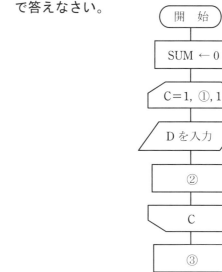

解答群

ア．15

イ．SUM

ウ．SUM ← SUM ＋ D

エ．D ← SUM ＋ D

オ．AVG ← SUM ÷ 15

カ．SUM ← SUM ÷ 15

1章 ～ 5章　模擬試験　Ⅱ

1 次の各問に答えなさい。

問1　次のような処理をコンピュータで行いたい。最も適したアプリケーションソフトウェアは何か。解答群から選び，記号で答えなさい。

(1) 売上額を月ごとに集計し，グラフを作成する。
(2) ディジタルカメラで撮影した写真データを編集する。
(3) 大勢の人に対して研究成果を発表する。
(4) 建築物を設計する。
(5) 手書きの文章を電子的に作成・編集する。

解答群　ア．データベース　　　イ．プレゼンテーション　　　ウ．CAD　　　エ．画像処理
　　　　オ．ワードプロセッサ　カ．表計算　　　　　　　　　キ．通信

問2　次の文に該当するコンピューター用言語を解答群から選び，記号で答えなさい。

(1) UNIX を開発する目的で作られたシステム開発用言語である。
(2) 大型コンピュータの事務処理向け言語である。
(3) OS やコンピュータの種類に依存しない，オブジェクト指向言語である。
(4) 最初の高水準言語であり，科学技術計算に向いた言語である。
(5) Web ページを作成するために用いられるマークアップ言語である。

解答群　ア．C　　イ．HTML　　ウ．JAVA　　エ．COBOL　　オ．FORTRAN

2 次の各問に答えなさい。

問1　右の表中の空欄①～⑥に当てはまる数値を答えなさい。

2 進数	10 進数	16 進数
①	13	②
10 0111	③	④
⑤	⑥	42

問2　次の2進数の計算を行い，2進数で答えなさい。

```
(1)              (2)
       110              1101
  +)  1101          -)  1011
```

問3　次の論理回路の出力 X 表す論理式を解答群から選び，記号で答えなさい。

(1)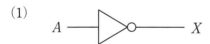

(2)

(3)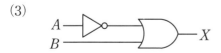

(4)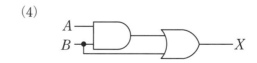

解答群　ア．$X=A$　　　　イ．$X=\bar{B}$　　　ウ．$X=B$　　　　エ．$X=\bar{A}$
　　　　オ．$X=\bar{A}\cdot B$　カ．$X=\bar{A}+B$　キ．$X=\overline{A\cdot B}$　ク．$X=\bar{A}+B$

3 次の流れ図は，商品の金額 KIN を入力し，2割引きの金額 ANS を求め出力するものである。

①〜③に適するものを解答群から選び，記号で答えなさい。

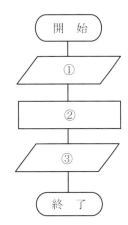

解答群

　ア．ANS を出力

　イ．ANS を入力

　ウ．ANS←KIN×0.8

　エ．ANS←ANS×0.8

　オ．KIN を出力

　カ．KIN を入力

4 次の流れ図は，金額 KIN を入力し，150 円の商品が買える個数 X を計算し出力するものである。①〜③に当てはまる最も適切なものを解答群から選び，記号で答えなさい。

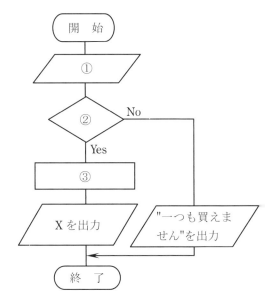

解答群

　ア．KIN＞150

　イ．KIN≧150

　ウ．KIN を入力

　エ．KIN を出力

　オ．KIN←KIN÷150 の商

　カ．X←KIN÷150 の商

5 次の流れ図は，5〜100 までの 5 の倍数とその個数を出力するものである。

①〜③に適するものを解答群から選び，記号で答えなさい。

解答群

　ア．1

　イ．5

　ウ．C を入力

　エ．C を出力

　オ．C←C＋1

　カ．C←C＋K

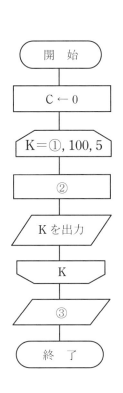

1章 ～ 5章　模擬試験 III

1 次の各問に答えなさい。

問1 次の文中の ① ～ ⑤ に入る適切な語句を解答群から選び，記号で答えなさい。

　マルチメディアは文字，音声，静止画，① などを関連づけて一括して取り扱う技術である。これらは扱うデータの量が大きくなるため圧縮して扱うことが多い。音声を圧縮する技術として ② ，③ などの静止画を圧縮する技術として ④ ，① データを圧縮する方法としては ⑤ が広く用いられている。

解答群　ア．JPEG　　　イ．MP3　　　ウ．RAW　　　エ．MPEG
　　　　オ．画素　　　カ．写真　　　キ．動画　　　ク．伸張

問2 次の文にあてはまるものを解答群から選び，記号で答えなさい。ただし，同じ記号を2度使わないこと。

(1)　ソースプログラムの命令を1命令ごとに機械語に翻訳し，実行する言語。

(2)　ソースプログラム全体を機械語に翻訳し，その後で実行を行う言語。

(3)　機械語の命令と1対1に対応している言語。CPU 毎に異なる。

(4)　1957年に米国 IBM が開発した科学技術計算用の言語。

(5)　1972年に，UNIX という OS を開発するために作られた言語。現在でも多く用いれられている。

解答群　ア．インタプリタ言語　　　イ．アセンブラ言語　　　ウ．コンパイラ言語
　　　　エ．CPU　　　オ．C言語　　　カ．HTML　　　キ．FORTRAN

2 次の各問に答えなさい。

問1 次の表中の空欄①～⑥に当てはまる数値を答えなさい。

2進数	10進数	16進数
①	②	8
③	26	④
11 1001	⑤	⑥

問2 次の2進数の計算を行い，2進数で答えなさい。

　①
```
   1010
+)  110
```
　②
```
   1010
-)  110
```

問3 次の真理値表で示される論理回路を解答群から選び，記号で答えなさい。

①

入力	出力
A	X
0	1
1	0

②

入力		出力
A	B	X
0	0	1
0	1	1
1	0	0
1	1	1

③

入力		出力
A	B	X
0	0	0
0	1	1
1	0	1
1	1	1

④

入力		出力
A	B	X
0	0	0
0	1	0
1	0	0
1	1	1

解答群

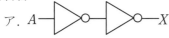
ア．

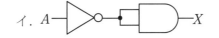
イ．

ウ．

エ．

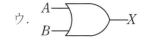

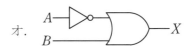
オ．

3 次の流れ図は，円柱の半径 R，高さ H を入力し，その体積 V を求め出力するものである。

①～③に適するものを解答群から選び，記号で答えなさい。

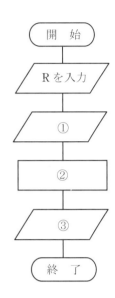

解答群

ア．H を入力

イ．H を出力

ウ．V ←R×R×3.14×H

エ．V ←3.14×R×H

オ．V を入力

カ．V を出力

4 次の流れ図は，製品番号 N を入力し，価格表を参考に価格を出力するものである。

①～③に適するものを解答群から選び，記号で答えなさい。

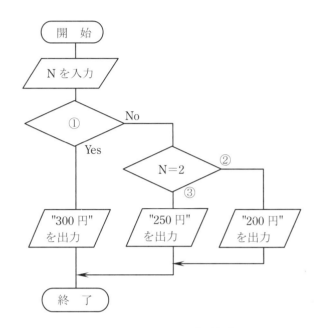

価格表

製品番号	価 格
1	300 円
2	250 円
3	200 円

解答群

ア．N を出力

イ．価格を入力

ウ．N ＝ 1

エ．N ≠ 1

オ．Yes

カ．No

5 次の流れ図は，1000 円以下の商品の金額 X [円] を 10 回入力して，最も安い商品の金額を表示するものである。

①～③に適するものを解答群から選び，記号で答えなさい。

解答群

ア．MIN ← 0

イ．MIN ← 1000

ウ．X ＜ MIN

エ．X ＞ MIN

オ．X ← MIN

カ．MIN ← X

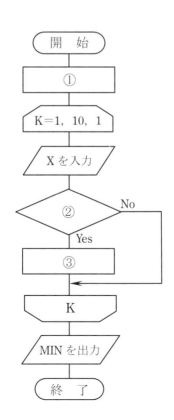

第6章 -1
プログラム作成能力
〜Full BASIC〜

(1) 定　数

	例	備　考
整　数（10進数）	1, -23, 456	正の数は+記号が省略可
実　数	1.23, -34.5	小数点のある数値

(2) 変数名

変数名を付けるときは，できるだけ記憶させるデータが何であるかがわかるようにする。

先頭の文字　　　　　　➪　英字
2文字目以降の文字　➪　英数字
大文字と小文字　　　➪　区別されない
使えない変数名　　　➪　BASIC の命令

(3) 算術演算子

数値計算は次の演算子を用いる。

演　算	演算子	例		優先順位
かっこ	( )	3 * (3 + 2) ➪ ( ) 内を最初に計算		1
べき乗	^	3^2 ➪ 3^2 （3の2乗）		2
乗算（×）	*	3 * 2	A * B	3
除算（÷）	/	3 / 2	A / B	
加算（+）	+	3 + 2	A + B	4
減算（－）	－	3 － 2	A － B	

(4) 出力命令（**PRINT** 文）

実行結果などのデータを出力装置（ディスプレイなど）に書き出すために出力命令を使用する。

PRINT　123	数値 123 を出力する。
PRINT　A, B	変数 A と B のデータを出力する。
PRINT　"ANS＝"; X	文字列 "ANS＝" と変数 X のデータを出力する。

BASIC では，データをカンマ（,）で区切ると間隔があき，セミコロン（;）で区切るとつながって出力される。

(5) 入力命令（**INPUT** 文・**READ** 文・**DATA** 文）

キーボードなどの入力装置から変数にデータを読み込むために入力命令を使用する。
BASIC の入力命令には，INPUT 文・READ 文・DATA 文がある。

INPUT　A	データを変数 A に入力する。
INPUT　X, Y	データを変数 X と Y に入力する。
INPUT PROMPT　"DATA＝":A	文字列 DATA＝ を出力してからデータを変数 A に入力する。
READ A,B,C ... DATA　10,20,30	DATA 文に書かれたデータを順に入力する。 変数 A に 10,B に 20,C に 30 が記憶される。

(6) 組み込み関数

各言語にあらかじめ用意されている関数をいう。

関　数	意　味	例
INT(X)	X を超えない最大の整数	INT(3.8) ⇨ 3,INT(-3.8) ⇨ -4
MOD(X,Y)	X を Y で割った余り	MOD(5,3) ⇨ 2
SQR(X)	X の平方根の値	SQR(2)　⇨ 1.414214
SIN(X)	X[rad]の正弦の値	SIN(30＊3.141592 / 180) ⇨ 0.5
COS(X)	X[rad]の余弦の値	COS(60＊3.141592 / 180) ⇨ 0.5
TAN(X)	X[rad]の正接の値	TAN(45＊3.141592 / 180) ⇨ 1
ABS(X)	X の絶対値	ABS(3) ⇨ 3　　　ABS(-3) ⇨ 3

$$1\,[度] = \frac{\pi}{180}\,[\mathrm{rad}]$$

(7) 条件式で使用する演算子

条件を表す式に使用できる演算子は，算術演算子以外に次の関係演算子などがある。

	演　算	記　号	例	優先順位
関係演算子	未　満	＜	A ＜ B　　⇨ A は B より小さい	1
	以　下	＜＝	A ＜＝ B　⇨ A は B より小さいか等しい	
	超える	＞	A ＞ B　　⇨ A は B より大きい	
	以　上	＞＝	A ＞＝ B　⇨ A は B より大きいか等しい	
等価演算子	等しい	＝	A ＝ B　　⇨ A と B は等しい	2
	等しくない	＜＞	A ＜＞ B　⇨ A と B は等しくない	
論理演算子	論理否定	NOT	NOT X　　⇨ X が偽ならば真	3
	論理積	AND	X AND Y　⇨ X と Y がともに真ならば真	
	論理和	OR	X OR Y　⇨ X と Y のどちらか真ならば真	

1. 直線型プログラミング　1

> **ＬＥＴ 文** … プログラムで変数にデータを設定する。
> **PRINT 文** … ディスプレイなどの出力装置にデータを表示する。

例題

次のプログラムを実行したとき，出力される値を答えなさい。

```
100 LET X=8
110 LET Y=13
120 LET Z=(X+Y)*3
130 PRINT "Answer=";Z
140 END
```

開 始
X ← 8
Y ← 13
Z ← (X+Y)×3
Z の出力
終 了

解説

変数…いろいろなデータを格納する
参 考
・変数名の例：
　　数値変数 ⇨ A, AB, N, NI など
・先頭の文字：英字
・2文字目以降の文字：英数字

定数…プログラムで扱うデータ
参 考
数値定数（10進数）の例
　整数 ⇨ 3, 10, −123 など
　　　　（小数点のない数値）
　実数 ⇨ 1.23, 0.56, −8.9 など
　　　　（小数点のある数値）

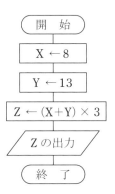

行番号
↓

```
100 LET X=8
110 LET Y=13
120 LET Z=(X+Y)*3
130 PRINT "Answer=";Z
140 END
```

LET 文
左辺の変数に右辺の値を
代入する命令文
　例 100 LET X=8
　　この文が実行されると，
　　変数 X の内容は 8 になる

PRINT 文
数値や文字列をディスプレイ装置に出力する命令文
　例1 130 PRINT (Z) ⇦ 出力する変数

文字列定数は文字列を引用符「"　"」でくくる
　例2 130 PRINT " Answer=";Z
　　　　　　　　　　　　　　　　出力する変数
　　　　　　　　　　└ 表示する文字列

変数 Z には **(X+Y)×3** が代入される
⇩
(8+13)×3＝**63** が出力される

問 1　次のプログラムを実行したとき，出力される数値を答えなさい。

ヒント　かっこ内 ⇨ べき乗 ⇨ 乗除算 ⇨ 加減算　の順で演算される。

(1)
```
100 LET A=17
110 LET B=24
120 LET L=2*(A+B)
130 LET S=A*B
140 PRINT "周囲の長さ=";L,"面積=";S
150 END
```

L	S
①	②

(2)
```
100 LET A=2
110 LET B=3
120 LET C=4
130 LET A=A+B
140 LET B=B*C
150 LET C=B-A
160 PRINT"A=";A,"B=";B,"C=";C
170 END
```

出力結果

A =　①

B =　②

C =　③

問 2　次のプログラムは，5つのデータの合計と平均を求め出力させるものである。①~④に適するものを解答群より選びなさい。

ヒント　平均はすべてのデータの合計をデータの個数で割ったものである。

```
100 LET J=85
110 LET K=68
120 LET L=73
130 LET M=52
140 LET N=91
150 LET T=J+K+L+ ① + ②
160 LET A=T/ ③
170 ④ T,A
180 END
```

解答群　　ア．DATA　　イ．N　　ウ．6　　エ．PRINT　　オ．M　　カ．5

2. 直線型プログラミング　2

INPUT 文

キーボードなどの入力装置から変数にデータを読み込むために**入力命令**を使用する。

例題

次のプログラムは底辺 **A**，高さ **B** を読み込んで，三角形の面積 **S** を求めて出力するものである。

　　の部分に適するものを記入して完成させなさい。

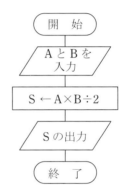

```
100   ①    A,B
110 LET S=A＊B/2
120   ②    "三角形面積=";S
130 END
```

解説

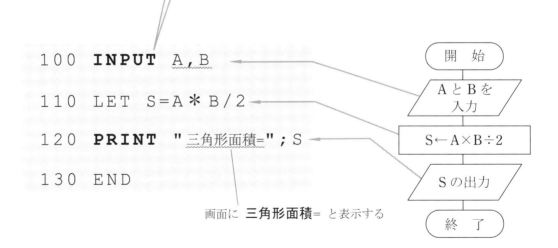

> **INPUT 文** データを変数 A，B に入力する
>
> **参　考**
>
> **INPUT　PROMPT　"DATA ＝ ":A，B** のようにすると
>
> 画面に **DATA＝** と表示した後にデータを変数 **A，　B** に入力できる。
>
> これを**入力促進文字列**という。

```
100 INPUT A,B
110 LET  S=A＊B/2
120 PRINT "三角形面積=";S
130 END
```

画面に **三角形面積=** と表示する

解答　① INPUT　　② PRINT

問**1**　次のプログラムは，図のような直方体の3辺 **A**，**B**，**C** の長さを入力し，その体積 **V** を求めて出力するものである。　①　～　③　に適するものを記入しなさい。

直方体の体積 **V** ＝ A×B×C

```
100  INPUT  PROMPT  " Aを入力": A
110  INPUT  PROMPT  " Bを入力":  ①
120  INPUT  PROMPT  " Cを入力": C
130  LET   ②  =A＊B＊C
140    ③    "直方体の体積Vは";V
150  END
```

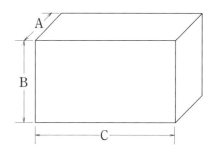

問**2**　次のプログラムは，図のような4個の正三角形から作られた図形の **X** を入力し，三角形 **A**，**B**，**C** の周囲の長さ **L** と面積 **S** を求めて出力するものである。　①　～　③　に適するものを記入しなさい。

三角形の面積 **S** ＝ $\dfrac{XY}{2}$

正三角形の高さ **Y** ＝ $\dfrac{X\sqrt{3}}{2}$

― 参　考 ―
$\sqrt{3}$ ⇨ SQR(3)

```
100  INPUT X
110  LET   ①  =X＊SQR(3)/2
120  LET   ②  =X＊6
130  LET   ③  =X＊Y/2＊4
140  PRINT  "長さ=";L
150  PRINT  "面積=";S
160  END
```

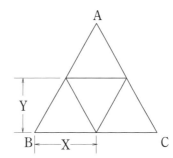

問**3**　次のプログラムは，球の半径 **R** を入力し，表面積 **S** と体積 **V** を求め，表示するものである。　①　～　③　に適するものを記入しなさい。

球の表面積 **S** ＝ 4πR^2

球の体積 **V** ＝ $\dfrac{4}{3}$ πR^3

```
100    ①    R
110  LET   ②  =4＊3.14＊R＊R
120  LET  V=4＊3.14＊R＊R＊R/3
130    ③    "球の表面積=";S
140    ③    "球の体積=";V
150  END
```

問4　次のプログラムは，半径 R を入力し，円の面積 S を求めて表示するものである。
　　　①　～　③　に適するものを記入しなさい。

円の面積 S＝π×R²

```
100  LET  PAI＝3.14
110    ①    PROMPT "半径=":R
120  LET  S＝PAI＊  ②
130    ③    "面積=";S
140  END
```

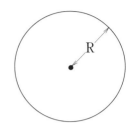

問5　次のプログラムは，半径 R と高さ H を入力し，円柱の体積 V を求めて，出力するものである。
　　　①　～　③　に適するものを記入しなさい。

円柱の体積 V＝π×半径 R²×高さ H

```
100  LET  PAI＝3.14
110  INPUT  PROMPT "半径を入力してください：":R
120  INPUT  PROMPT "高さを入力してください：":  ①
130  LET  V＝PAI＊  ②  ＊H
140  PRINT "体積は";  ③
150  END
```

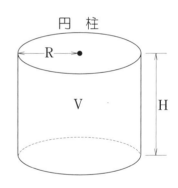
円　柱

問6　次のプログラムは，台形の上底 A、下底 B、高さ H を入力し、面積 S を求め表示するものである。
　　　①　～　③　に適するものを記入しなさい。

台形の面積 S＝$\dfrac{(A＋B)H}{2}$

```
100  INPUT  PROMPT "上底Aを入力":A
110  INPUT  PROMPT "下底Bを入力":B
120  INPUT  PROMPT "高さHを入力":H
130  LET S＝  ①
140    ②    "面積は";  ③
150  END
```

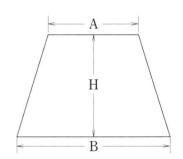

問 7 次のプログラムは，ボールペンの本数と人数を入力して，1 人に配ることができる最大の本数と残りの本数を求めて出力するものである。

① ～ ③ に適するものを記入しなさい。

ヒント　A÷B の商は INT(A/B)，

余りは MOD(A,B) で求められる。

```
100 INPUT PROMPT "ボールペンの本数=":B
110 INPUT PROMPT "人数=":N
120 LET H= ①
130 LET A= ②
140 PRINT "1人の本数=";H
150 PRINT "残りの本数="; ③
160 END
```

問 8 次のプログラムは，直角三角形の底辺 **TEI** と高さ **TAK** を入力して，斜辺 **SYA** の長さを求めるものである。

① ～ ③ に適するものを記入しなさい。

ヒント　斜辺 $=\sqrt{\text{底辺}^2+\text{高さ}^2}$

```
100 INPUT PROMPT "底辺=":TEI
110 INPUT PROMPT "高さ=":TAK
120 LET SYA= ① ( ② + ③ )
130 PRINT "斜辺=";SYA
140 END
```

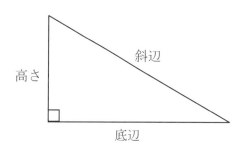

問 9 次のプログラムは，ビルまでの距離 **Y** とその地点からビルの最高点を見上げた時の角度を θ° を入力して，ビルの高さ **H** を求めるものである。

① ～ ③ に適するものを記入しなさい。

ヒント　$H=Y\times\tan\theta°$

$1°=\dfrac{\pi}{180}$ (rad)

```
100 INPUT PROMPT "ビルまでの距離=":Y
110 INPUT PROMPT "角度θ="; ①
120 LET R=K*3.14159/180
130 LET H=Y* ②
140 PRINT "ビルの高さ="; ③
150 END
```

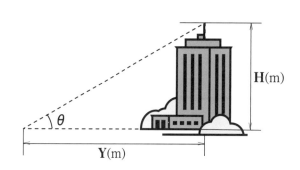

3. 分岐型プログラミング

IF~THEN~ELSE 文

ある条件を判断して，処理の流れを変える制御文で，

「(もし) ~ならば~せよ。そうでない場合 (ELSE) は~せよ」

という命令である。

例題

次のプログラムは，入力した値Aが10以上のときはAの2倍を計算し，10未満のときはAの3倍を計算するものである。◻︎の部分に適するものを記入しなさい。

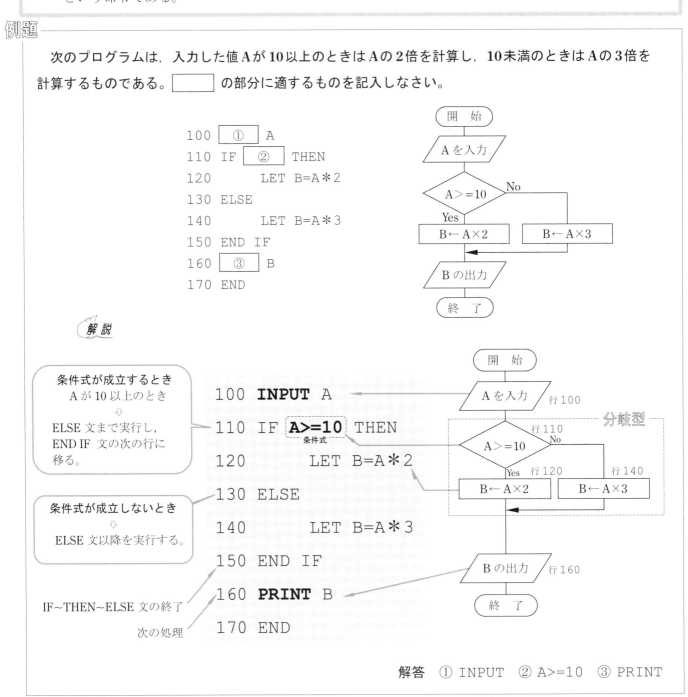

```
100   ①    A
110 IF   ②     THEN
120       LET B=A＊2
130 ELSE
140       LET B=A＊3
150 END IF
160   ③    B
170 END
```

解説

条件式が成立するとき
Aが10以上のとき
⇩
ELSE 文まで実行し，
END IF 文の次の行に移る。

条件式が成立しないとき
⇩
ELSE 文以降を実行する。

IF~THEN~ELSE 文の終了

次の処理

```
100 INPUT A
110 IF A>=10 THEN
        条件式
120       LET B=A＊2
130 ELSE
140       LET B=A＊3
150 END IF
160 PRINT B
170 END
```

解答　① INPUT　② A>=10　③ PRINT

関係演算子

演算子の種類と例	意　味	演算子の種類と例	意　味
A < B	AはBより小さい	A >= B	AはB以上
A > B	AはBより大きい	A = B	AとBは等しい
A <= B	AはB以下	A <> B	AとBは等しくない

問**1** 次のプログラムは，2 つの異なる数値 A，B を入力し、大きい数値を先に表示するものである。
プログラム中の ① ～ ③ に適するものを記入しなさい。

```
100  INPUT PROMPT "Aを入力 ":A
110  INPUT PROMPT "Bを入力 ":B
120  IF  ①  THEN
130     PRINT A
140     PRINT B
150  ②
160     PRINT B
170     PRINT A
180  ③
190  END
```

問**2** 次のプログラムは，入力した 2 つの数値 A，B の大小関係を調べ，A が B より大きい場合，A と B
の値を入れ替えて出力するものである。 ① ～ ③ に適するものを記入しなさい。

```
100  INPUT PROMPT "Aを入力":A
110  INPUT PROMPT "Bを入力":B
120  IF  ①  THEN
130     LET DMY＝A
140     LET A= ②
150     LET B= ③
160  END IF
170  PRINT "A=";A,"B=";B
180  END
```

> 💡ヒント
> 変数 A と B の内容を入れ替えるとき、一時的に
> A の内容を退避させる変数を一つ用意する。
> 変数の名前はなんでもよい。
> この問題では変数 DMY である。
> DMY は DUMMY（ダミー）を略したもの。
> DMY を使って、DMY＝A、A＝B、B＝DMY
> の順に実行すると、A，B の入れ替えができる。

問**3** 次のプログラムは，3 つの整数を入力して，その最小値を出力するものである。 ① ～ ③ に
適するものを記入しなさい。

```
100  INPUT PROMPT "A=":A
110  INPUT PROMPT "B=":B
120  INPUT PROMPT "C=":C
130  LET  ①
140  IF M>B THEN
150     LET  ②
160  END IF
170  IF M>C THEN
180     LET  ③
190  END IF
200  PRINT "最小＝";M
210  END
```

問4 次のプログラムは，数値 N を入力し，その値が **70** 以上の場合は **OK** と表示し，それ以外の場合は
NG と表示するものである。 ① ～ ③ に適するものを記入しなさい。

```
100    ①   PROMPT "数値入力:":N
110 IF N>=70 THEN
120      PRINT " ② "
130 ELSE
140      PRINT " ③ "
150 END IF
160 END
```

問5 次のプログラムは，整数を入力し，その絶対値を求め，表示するものである。
① ～ ③ に適するものを記入しなさい。

```
100    ①   PROMPT "整数入力":N
110 IF N  ②  0 THEN
120      LET  ③  =N*(-1)
130 END IF
140 PRINT "絶対値は";N;"です。"
150 END
```

問6 次のプログラムは，入力した数値 S が偶数か奇数かを判別し，その結果を出力して終了するものである。① ～ ③ に適するものを記入しなさい。

 A を B で割った余り X は ⇨ X＝MOD(A,B)

```
100 INPUT PROMPT "数値:":S
110 LET D=  ①
120 IF D  ②  0 THEN
130      PRINT S;"は偶数です。"
140   ③
150      PRINT S;"は奇数です。"
160 END IF
170 END
```

4. 繰返し型プログラミング

FOR～NEXT 文 同じ処理を決まった回数だけ繰り返すときに使われる。

例題

次のプログラムは，1から5までの合計を求めるものである。□□□ の部分に適するものを記入して
完成させなさい。

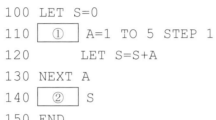

```
100 LET S=0
110    ①    A=1 TO 5 STEP 1
120       LET S=S+A
130 NEXT A
140    ②    S
150 END
```

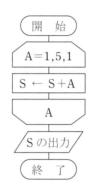

解説

FOR～NEXT 文

FOR A=1 TO 5

　Aを1から5まで1ずつ変化させる
STEP n でAの増分(変化量) n を指定する

　nが1のとき，
　　　　　「STEP 1」は省略できる

S=S+A

　変数＝変数＋値は，合計を求める
　　　　　（5回繰り返される）

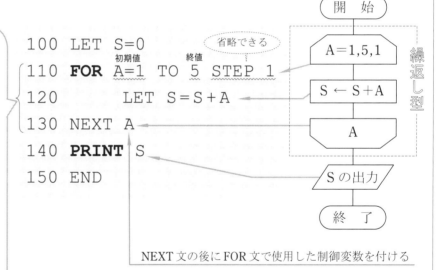

繰り返すごとの変数SとAの値の変化

回数	行番号	変数S	変数A
1	110	0	1
	120	1	1
2	110	1	2
	120	3	2
3	110	3	3
	120	6	3
4	110	6	4
	120	10	4
5	110	10	5
	120	15	5

NEXT 文の後にFOR文で使用した制御変数を付ける

参考

```
100 FOR X=1 TO 5
110      PRINT X
120 NEXT X
```
出力文を5回繰り返す。
1 2 3 4 5 と出力される。

```
100 FOR S=1 TO 10 STEP 2
110      PRINT S
120 NEXT S
```
出力文を5回繰り返す。
1 3 5 7 9 と出力される。

```
100 FOR K=10 TO 6 STEP -1
110      PRINT K
120 NEXT K
```
出力文を5回繰り返す。
1 0 9 8 7 6 と出力される。

解答 ① FOR ② PRINT

ヒント ・FOR～NEXT 文では，繰返しを制御する変数，その初期値と増分に注意する。
・偶数や奇数の和を求めるときの増分は2になる。

問1　次のプログラムは，右の表のような実行結果を出力するものである。
　　　　　①　〜　③　に適するものを記入しなさい。

```
100  FOR K=  ①  TO 20 STEP  ②
110      LET L=  ③
120      PRINT"K=";K,"L=";L
130  NEXT K
140  END
```

```
┌─── 実行結果 ───┐
│  K=0      L=0      │
│  K=5      L=25     │
│  K=10     L=100    │
│  K=15     L=225    │
│  K=20     L=400    │
└───────────────┘
```

問2　右の表は、次のプログラムを実行し、出力結果をまとめたものである。
　　　　　表の　①　〜　③　に適するものを記入しなさい。

```
100  LET J=0
110  LET K=3
120  FOR I=0 TO 2 STEP 1
130      LET J=J+(I＊K-1)
140      PRINT "I=";I," J=";J
150  NEXT I
160  END
```

出力回数	出 力 結 果	
1回目	I=0	J=　①
2回目	I=1	J=　②
3回目	I=　③	J=6

問3　次のプログラムは，Nを入力して，1からNまでの整数を合計して出力するものである。
　　　　　①　〜　③　に適するものを記入しなさい。

```
100  LET TOTAL=0
110  INPUT PROMPT "N=":N
120   ①  K=1 TO N STEP 1
130      LET TOTAL=TOTAL+  ②
140  NEXT K
150  PRINT "合計=";  ③
160  END
```

問 4 次のプログラムは，**2 から 100 までの偶数を合計して出力するもの**である。
① ～ ③ に適するものを記入しなさい。

```
100  LET WA=0
110   ①  M=2 TO 100 STEP  ②
120       LET WA=  ③
130  NEXT M
140  PRINT "WA=";WA
150  END
```

問 5 次のプログラムは，**N 個のデータを入力し，合計 SUM と平均 AVG を求めて出力するもの**である。
① ～ ③ に適するものを記入しなさい。

```
100  LET SUM=0
110  INPUT PROMPT "データ数の入力:":N
120  FOR K=1 TO  ①  STEP 1
130        ②  PROMPT "データの入力:":D
140      LET SUM=SUM+  ③
150  NEXT K
160  LET AVG=SUM/N
170  PRINT "合計=";SUM
180  PRINT "平均=";AVG
190  END
```

問 6 次のプログラムは，**N を入力して，N の階乗（1×2×3×…×N）を求めて出力するもの**である。
① ～ ③ に適するものを記入しなさい。

```
100   ①  PROMPT "数を入力:":N
110  LET A=1
120  FOR C=2 TO N STEP  ②
130      LET A=  ③
140  NEXT C
150  PRINT "階乗は";A
160  END
```

例題────────────────**FOR～NEXT 文と IF・THEN 文**─────────────

　　次のプログラムは，**5 人の身長データ H** を入力し，**170 cm 以上の人数 C** を数え，その数を出力するものである。　①　～　③　に適するものを記入しなさい。

```
100 LET C=0
110    ①    K=1 TO 5 STEP 1
120       INPUT H
130       IF H    ②    170 THEN
140          LET C=C＋1
150       END IF
160 NEXT K
170 PRINT    ③
180 END+1
```

解説

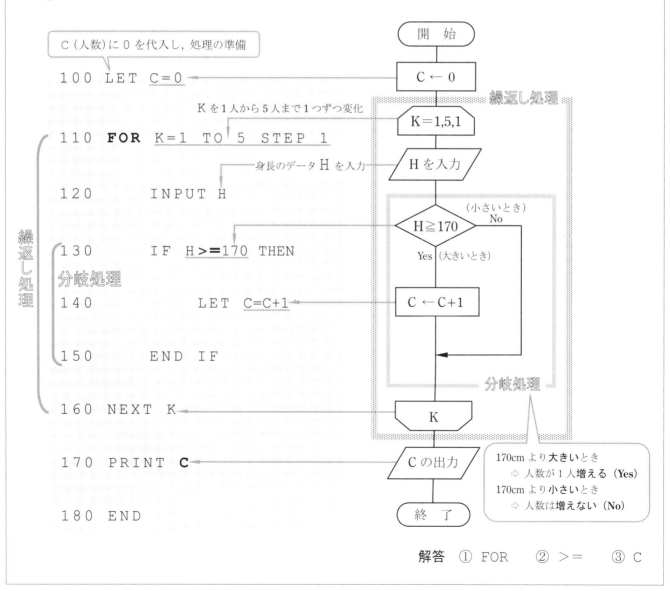

C（人数）に 0 を代入し，処理の準備

`100 LET C=0`

K を 1 人から 5 人まで 1 つずつ変化

`110 FOR K=1 TO 5 STEP 1`

身長のデータ H を入力

`120       INPUT H`

`130       IF H >=170 THEN`

分岐処理

`140          LET C=C+1`

`150       END IF`

`160 NEXT K`

`170 PRINT C`

`180 END`

繰返し処理（左側縦書き）

開　始

C ← 0

繰返し処理

K＝1,5,1

H を入力

H≧170　（小さいとき）No

Yes（大きいとき）

C ← C+1

K

C の出力

終　了

分岐処理

170cm より**大きいとき**
　⇨ 人数が 1 人増える（**Yes**）
170cm より**小さいとき**
　⇨ 人数は増えない（**No**）

解答　① FOR　　② >=　　③ C

問 1　次のプログラムは，数値 N を読み取り，N が奇数ならば「奇数」，偶数ならば「偶数」と表示する処理を 5 回繰り返すものである。　①　～　③　に適するものを記入しなさい。

```
100  FOR K=1 TO 5 STEP 1
110      INPUT PROMPT "数を入力:":N
120      LET A= ①
130      IF A=0 THEN
140          PRINT " ② "
150      ELSE
160          PRINT " ③ "
170      END IF
180  NEXT K
190  END
```

問 2　次のプログラムは，整数データをチェックするものである。入力された値が 128 以上の場合は「エラー」と出力し，データ入力終了後にエラーの個数を出力する。　①　～　③　に適するものを記入しなさい。なお，データの個数は 10 とする。

```
100  LET C=0
110  FOR M=1 TO 10 STEP 1
120      ① PROMPT"データ=":D
130      IF D ② 128 THEN
140          PRINT "エラー"
150          LET C=C+1
160      END IF
170  NEXT M
180  PRINT "エラーの個数="; ③
190  END
```

問3　次のプログラムは，100m 走のタイムを 10 人分入力し，一番速いタイムを出力するものである。
①　～　③　に適するものを記入しなさい。

```
100  INPUT PROMPT  "タイム=":T
110  LET  F= ①
120  FOR  K= ② TO 10 STEP 1
130      INPUT  PROMPT  "タイム=":T
140      IF  F  ③  T  THEN
150          LET  F=T
160      END IF
170  NEXT K
180  PRINT  "一番速いタイム=";F
190  END
```

問4　次のプログラムは，整数を 20 個入力し，正の値の合計を求め，出力するものである。

①　～　③　に適するものを記入しなさい。

```
100  LET GOU= ①
110  FOR K=1 TO 20 STEP 1
120      INPUT  PROMPT  "整数値=":N
130      ② N>0 THEN
140          GOU= ③
150      END IF
160  NEXT K
170  PRINT  "合計=";GOU
180  END
```

Full BASIC 模擬試験 Ⅰ

1
次のプログラムの実行結果を答えなさい。

```
100 LET A=10
110 LET B=6
120 LET C=4
130 LET A=A+B
140 LET B=B*C
150 LET C=B+A/C
160 PRINT "A=";A
170 PRINT "B=";B
180 PRINT "C=";C
190 END
```

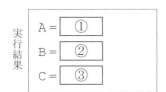

実行結果

```
A= ①
B= ②
C= ③
```

2
次のプログラムは，直角三角形の2辺 A，B の長さを入力し，斜辺 C の長さと面積 S を求めるものである。
プログラム中の ① ～ ③ に適するものを答えなさい。

参考

c

面積S

b

a

$$c = \sqrt{a^2 + b^2}$$

```
100 PRINT "直角三角形の2辺A，Bを入力"
110 ① "辺A=":A
120 ① "辺B=":B
130 LET C= ② (A*A+B*B)
140 LET S= ③ /2
150 PRINT "斜辺C=";C
160 PRINT "面積S=";S
170 END
```

3
次のプログラムは，2つの整数 A，B を入力し，等しいか，等しくないかを出力するものである。

プログラム中の ① ～ ③ に適するものを答えなさい。

```
100 INPUT PROMPT "一つ目の整数を入力：A=":A
110 INPUT PROMPT "二つ目の整数を入力：B=":B
120 IF A ① B THEN
130     ② "等しい"
140 ③
150     ② "等しくない"
160 END IF
170 END
```

4
次のプログラムは，N 個の正の整数を入力し，一番大きい整数 MAX を調べて，出力するものである。
プログラム中の ① ～ ③ に適するものを答えなさい。ただし，N は1個以上とする。

```
100 LET MAX=0
110 INPUT PROMPT "入力する整数の個数=":N
120 FOR I=1 TO ① STEP 1
130     PRINT ② ;
140     INPUT PROMPT "個目の整数=":NUM
150     IF NUM ③ MAX THEN
160         LET MAX=NUM
170     END IF
180 NEXT I
190 PRINT "一番大きい整数=";MAX
200 END
```

実行結果(例：3個の場合)

```
入力する整数の個数=3
1個目の整数=5
2個目の整数=1
3個目の整数=3
一番大きい整数=5
```

Full BASIC 模擬試験 Ⅱ

1　次のプログラムの実行結果を答えなさい。

```
100 LET B=3
110 FOR A=4 TO 1 STEP -1
120     LET B=B+A
130     PRINT "A=";A;"B=";B
140 NEXT A
150 END
```

実行結果

```
A=4 B=7
A=3 B= ①
A=2 B= ②
A=1 B= ③
```

2　次のプログラムは，単価100円のたい焼きの購入個数を入力して，購入金額を計算し出力するものである。プログラム中の ① ～ ③ に適するものを答えなさい。ただし，消費税率は，持ち帰りなら8[%]，店内飲食なら10[%]とする。

```
100 LET TANKA= ①
110 INPUT PROMPT "購入個数を入力":KOSUU
120 INPUT PROMPT "持ち帰りなら「0」を，店内飲食なら「1」を入力":T
130 IF T=0 THEN
140     LET KIN=TANKA*KOSUU*(1+ ② )
150 ELSE
160     LET KIN=TANKA*KOSUU*(1+ ③ )
170 END IF
180 PRINT "購入金額は，";KIN;"円です。"
190 END
```

3 次のプログラムは，40人分の100m走のタイムを入力し，平均タイムを計算し出力するものである。
プログラム中の ① ～ ③ に適するものを答えなさい。

```
100 LET SUM=0.0
110 PRINT "40人分のタイムを入力"
120 FOR  ①  TO 40 STEP 1
130       ②  T
140      LET  ③ =SUM+T
150 NEXT I
160 LET AVG=SUM/40.0
170 PRINT "平均タイムは"；AVG；"秒です。"
180 END
```

4 次のプログラムは，整数Nを入力し，Nの階乗（N!）を計算し出力するものである。
プログラム中の ① ～ ③ に適するものを答えなさい。ただし負の整数が入力されたらエラーを出力
するものとする。

```
100 LET FACT= ①
110 INPUT PROMPT "Nを入力"：N
120 IF N  ②  0 THEN
130      PRINT "負の整数は，エラーです。"
140 ELSE
150      FOR I=1 TO  ③  STEP 1
160          LET FACT=FACT*I
170      NEXT I
180      PRINT N；"!="；FACT
190 END IF
200 END
```

```
参考
n！=1×2×…×（n-2）×（n-1）×n
5！=1×2×3×4×5=120
0！=1
```

Full BASIC　模擬試験　Ⅲ

1　次のプログラムは，半径Rを入力して，面積Sと円周Xを求めるものである。プログラム中の　①　～　③　に適するものを答えなさい。ただし，円周率は 3.14 とする。

```
100  ①  PROMPT "半径R=": ②
110 LET S=3.14*R*R
120 LET X=2*3.14*R
130  ③  "面積S="; S
140  ③  "円周X="; X
150 END
```

2　次のプログラムの実行結果を答えなさい。

```
100 LET B=4
110 LET C=6
120 LET A=B
130 LET B=2*A-2
140 IF B>=C THEN
150     LET C=2*C
160 ELSE
170     LET C=C+A
180 END IF
190 LET WORK=A
200 LET A=B
210 LET B=WORK
220 PRINT "A="; A
230 PRINT "B="; B
240 PRINT "C="; C
250 END
```

実行結果

```
A =  ①
B =  ②
C =  ③
```

3 　次のプログラムは，初速度 V_0 [m/s²] でボールを垂直に投げた時，投げてから 6 秒後まで 1 秒ごとにボールの位置を計算し，表示するものである。プログラム中の ① ～ ③ に適するものを答えなさい。

> 参考
> 初速度 V_0 [m/s]，重力加速度 g = 9.8 [m/s²]，時刻を t [s] とすると，垂直に投げたボールの位置 y [m] は，次式となる。　$y = V_0 t - \frac{1}{2} g t^2$

```
100 LET G=9.8
110 INPUT PROMPT "初速度V0=": ①
120 FOR T=0 TO ② STEP ③
130     LET Y=V0*T-G*T*T/2
140     PRINT "時刻T=";T;"秒後　ボールの位置Y=";Y;"メートル"
150 NEXT T
160 END
```

4 　次のプログラムは，正の整数を 10 個入力し 2 の倍数の個数を表示するものである。プログラム中の ① ～ ③ に適するものを答えなさい。ただし，MOD(A，B) は A を B で割ったときの余りを求める関数である。

```
100 LET CNT=0
110 FOR I=1 TO 10 STEP 1
120     INPUT PROMPT "正の整数を入力してください。":NUM
130     LET M=MOD(NUM, ① )
140     IF ② THEN
150         LET ③ =CNT+1
160     END IF
170 NEXT I
180 PRINT "2の倍数は，";CNT;"個です。"
190 END
```

第6章-2

プログラム作成能力

～C言語～

(1) 定 数

	例	備 考
整 数（10 進数）	1, -23, 456	正の数は+記号が省略可
実 数	1.23, -34.5	小数点のある数値

(2) 変数名

変数名を付けるときは，できるだけ記憶させるデータが何であるかがわかるようにする。

    先頭の文字   → 英字，アンダーバー

    2 文字目以降の文字 → 英数字，アンダーバー

    大文字と小文字   → 区別される

    使えない変数名   → C 言語の予約語

(3) 変数の型宣言

プログラムの先頭で使用する変数名と扱うデータの型を事前に宣言する。

型指定子	データの型	データとデータの表現範囲，データの大きさ（バイトサイズ）
キャラ char	文字型	計算機の文字のコード，または-128 〜+127 までの整数 (JIS コードで表される 1 バイト 1 文字 "a"，"A"等，1 バイト
イント int	整数型	通常，計算機の自然な整数 (-32768 〜+32767 までの整数)，2 バイト
ロング long	倍長整数型	int 以上の大きな整数 (-2147483648 〜+2147483647 までの整数)，4 バイト
フロート float	単精度実数型	1.175494351e-38F 〜 3.402823466e+38F （数字の後ろに F または f がつくときの型は float） （数値は，実数表現 $1.79×10^3$ を 1.79e+3 で表したものである）
ダブル double	倍精度実数型	2.22507385850720145e-308 〜 1.7976931348623158e+308

(4) 算術演算

数値計算は次の演算子を用いる。

演 算	演 算 子	例		優先順位
かっこ	（ ）	3 * (3 + 2) → ( ) 内を最初に計算		1
乗算（×）	*	3 * 2	a * b	2
除算（÷）	/	3 / 2	a / b	
剰 余	%	3 % 2 (=1)	a % b 余りを求める	
加算（+）	+	3 + 2	a + b	3
減算（−）	−	3 − 2	a − b	

(5) 代入演算子

演 算	記 号	例
加　算	+=	a+=b;　→　a=a+b;
減　算	-=	a-=b;　→　a=a-b;
乗　算	*=	a*=b;　→　a=a*b;
除　算	/=	a/=b;　→　a=a/b;
剰　余	%=	a%=b;　→　a=a%b;

(6) printf 関数

実行結果などのデータを出力装置（ディスプレイなど）に書き出すために出力命令を使用する。

printf ("%d",123);	数値123を出力する。
printf ("%d %d", a, b);	変数aとbのデータを出力する。
printf ("ans＝%d", x);	文字列"ans＝"と変数xのデータを出力する。

(7) 入力関数

キーボードなどの入力装置から変数にデータを読み込むために入力命令を使用する。

printf 関数で出力してから，scanf 関数で入力する。

scanf ("%d", &a);	データを変数aに入力する。
scanf ("%d %d", &x, &y);	データを変数xとyに入力する。
printf ("data＝"); scanf ("%d", &a);	文字列"data＝"を出力してからデータを変数aに入力する。

(8) 標準ライブラリ

あらかじめ用意されている関数をいう。

関　数	意　味	例
sqrt(x)	xの平方根の値	sqrt(2) → 1.414214
sin(x)	x[rad]の正弦の値	sin(30*3.141592/180) → 0.5
cos(x)	x[rad]の余弦の値	cos(60*3.141592/180) → 0.5
tan(x)	x[rad]の正接の値	tan(45*3.141592/180) → 1
abs(x)	xの絶対値	abs(3) → 3　abs(−3)→ 3

$$1[度] = \frac{\pi}{180}[rad]$$

これらの関数を使用するには，**ヘッダファイル math.h**（数学関数の宣言や定義が書かれている）を取り込む必要がある。

　例）　#include<math.h>　→　ヘッダファイル math.h を取り込む。

1. 直線型プログラミング　1

次のプログラムは a,b を読み込んで Answer＝c を出力する。プログラムと流れ図を示し，解説する。

基本的な入力や出力（**scanf** や **printf** などの標準入出力関数）をプログラム中で使うとき，関数の宣言を記述したヘッダファイル **stdio.h** を取り込む。
これで標準入出力関数が使えるようになる。

変数の型宣言
C 言語では変数をあらかじめ宣言しなければならない。
- a，b，c は **int** 型変数である。
- 変数 a，b，c を整数型（小数点を含まない数値）として宣言
- 文の最後にセミコロン ； を付ける。

プログラムの始まり
{ }ではさまれた部分をまず実行する

```
#include <stdio.h>

int main(void)

{

    int  a,b,c;

    a=30;

    b=50;

    c=a+b;

    printf("Answer=%d¥n",c);

    return 0;

}
```

始まり → {

終わり → }

変数 a に定数 30 を代入する
変数 b に定数 50 を代入する

OS に値 0 を返す

開　始

変数宣言

a ← 30

b ← 50

c ← a＋b

c の出力

終　了

printf 関数

数値や文字列をディスプレイ装置に出力する命令文

```
printf("Answer=%d ¥n",c);
```

Answer=
を表示

%d の場所に
a+b の値 80 を表示

改行

出力する変数

最初の %d ⇨ **変数 a** の値が出力される

例　`printf("%d %d",a,b);`

2番目の %d ⇨ **変数 b** の値が出力される

問 1　次のプログラムを実行したとき，出力される値 ① ～ ③ に適するものを記入しなさい。

```
#include <stdio.h>
int main(void)
{
    int  a,b,c;


    a=2;
    b=3;
    c=4;
    a=a+b;
    b=b*c;
    c=b-a;
    printf("a=%d,b=%d,c=%d¥n",a,b,c);
    return 0;
}
```

┌─── 出 力 結 果 ───┐
│ a= ①   b= ②   c= ③ │
└──────────────────────┘

問 2　次のプログラムは，5 つのデータの合計 **goukei** と平均 **heikin** を求め出力するものである。① ～ ③ に適するものを記入しなさい。　💡ヒント　float は実数型である。

```
#include <stdio.h>
int main(void)
{
    int  a,b,c,d,e,goukei;
    float  heikin;
    a=67;
    b=59;
    c=83;
    d=92;
    e=78;
    goukei= ① ;
    heikin=(float)goukei/5.0;
    printf("合計=%d¥n", ② );
    printf("平均=%f¥n", ③ );
    return 0;
}
```

2. 直線型プログラミング　2

例題

　次のプログラムは底辺 **a**〔cm〕，高さ **b**〔cm〕を読み込んで，三角形の面積 **s**〔cm²〕を求めて出力するものである。□□□ の部分に適するものを記入して完成させなさい。

```
#include <stdio.h>
int main(void)
{
    int  a,b;
    float  s;
    ①   ("%d%d",&a,&b);
    s=(float)(a*b)/2.0;
    ②   ("三角形面積=%f¥n",s);
    return 0;
}
```

フローチャート:
開始 → 変数宣言 → aとbを入力 → s←a×b÷2 → sの出力 → 終了

解説

変数をあらかじめ宣言しなければならない ⇨ **変数の型宣言**

　　例　int a,b; ⇨ 変数 a,b を整数型（小数点を含まない数）として宣言
　　　　　float s; ⇨ 変数 s を**実数型**（小数点を含む数）として宣言

(float) で (a*b) の結果と **2.0** は，ともに実数型であり，実数型と実数型の演算結果は実数型となる。

```
#include <stdio.h>
int main(void)
{
    int  a,b;
    float  s;
    scanf ("%d%d",&a,&b);
    s=(float)(a*b)/2.0;
    printf("三角形面積=%f¥n",s);
    return 0;
}
```

変数名の前に付ける

フローチャート:
開始 → 変数宣言 → aとbを入力 → s←a×b÷2 → sの出力 → 終了

scanf 関数 … **データを入力するときの命令文**

例

scanf("%d", &a);	データを変数 a に入力する
入力形式　入力する変数（変数名の前に & を付ける）	
scanf("%d%d",&a, &b);	データを変数 a と b に入力する
printf("DATA=");	文字列 DATA= を出力してから
scanf("%d", &a);	データを変数 a に入力する

解答　① scanf　　② printf

問1　次のプログラムは，図のような直方体の 3 辺 **a**，**b**，**c** の長さを入力し，その体積 **v** を求めて出力するものである。

① ～ ③ に適するものを記入しなさい。

```
#include <stdio.h>
int main(void)
{
        int   a,b,c,v;
        scanf("%d",&a);
        scanf("%d",  ①  );
        scanf("%d",&c);
          ②  = a*b*c;
        printf("直方体の体積は  ③  です。¥n",V);
        return 0;
}
```

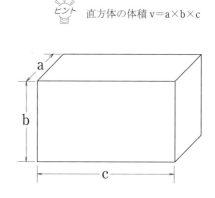

ヒント　直方体の体積 $v＝a×b×c$

問2　次のプログラムは，図のような 4 個の正三角形から作られた図形の **x** を入力し，三角形 **A**，**B**，**C** の周囲の長さ **k** と面積 **s** を求めて出力するものである。 ① ～ ③ に適するものを記入しなさい。

```
┌─ 参　考 ──────────────────────┐
│    平方根 X の値 ⇨ sqrt(x)              │
│    4√3 ⇨ 4.0*sqrt(3.0)                 │
│    これらの関数を使用するには，          │
│ ヘッダファイル　math.h（数学関数の宣言や定義が書かれている）│
│                    を取り込む必要がある。 │
└──────────────────────────┘
```

```
#include <stdio.h>
#include <math.h> ←
int main(void)
{
        float   x,y,k,s;
        scanf("%f",&x);
          ①  =x*sqrt(3.0)/2.0;
          ②  =x*6.0;
          ③  =x*y/2.0*4.0;
        printf("長さ=%f¥n",k);
        printf("面積=%f¥n",s);
        return 0;
}
```

ヒント　三角形の面積 $s＝\dfrac{xy}{2}$

正三角形の高さ $y＝\dfrac{x\sqrt{3}}{2}$

問3　次のプログラムは，球の半径 r を入力し，表面積 s と体積 v を求め，表示するものである。
①　～　③　に適するものを記入しなさい。

```
#include <stdio.h>
int main(void)
{
        float  r,s,v;
        ①   ("%f",&r);
        ②   =4*3.14*r*r;
        v=4*3.14*r*r*r/3;
        ③   ("球の表面積=%f\n",s);
        ③   ("球の体積=%f\n",v);
        return 0;

}
```

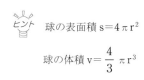
球の表面積 s＝4πr²

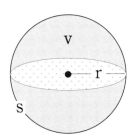
球の体積 v＝$\frac{4}{3}$πr³

問4　次のプログラムは，半径 r を入力し，円の面積 s を求めて表示するものである。
①　～　③　に適するものを記入しなさい。

```
#include <stdio.h>
int main(void)
{
        float  r,s,pai=3.14;
        printf("半径=");
        ①   ("%f",&r);
        s=pai* ②  ;
        ③   ("面積=%f\n",s);
        return 0;
    }
```

円の面積 s＝π×r²

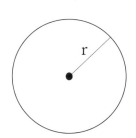

問5　次のプログラムは，半径 **r** と高さ **h** を入力し，円柱の体積 **v** を求めて出力するものである。
① ～ ③ に適するものを記入しなさい。

円柱の体積 v＝π×半径 r²×高さ h

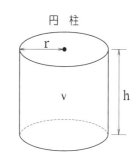
円　柱

```
#include <stdio.h>
int main(void)
{
        float  r, h, v, pai=3.14;
        printf ("半径を入力してください：");
        scanf ("%f",&r);
        printf ("高さを入力してください：");
        scanf ("%f",  ①  );
        v = pai *  ②  * h ;
        printf ("体積は%f¥n",  ③  );
        return 0;
}
```

問6　次のプログラムは，台形の上底 **a**，下底 **b**，高さ **h** を入力し，面積 **s** を求め表示するものである。
① ～ ③ に適するものを記入しなさい。

台形の面積 s＝$\frac{(a+b)\ h}{2}$

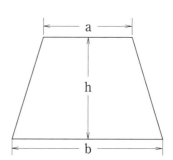

```
#include <stdio.h>
int main(void)
{
        float a,b,h,s;

        printf("上底aを入力");
        scanf("%f",&a);
        printf("下底bを入力");
        scanf("%f",&b);
        printf("高さhを入力");
        scanf("%f",&h);
        s=  ①  ;
        ②  (面積は"%f¥n", ③  );
        return 0;
}
```

問7 次のプログラムは，ボールペンの本数と人数を入力して，1人に配ることができる最大の本数と残りの本数を求めて出力するものである。 ① ～ ③ に適するものを記入しなさい。

```c
#include <stdio.h>
int main(void)
{
        int a,b,h,n;

        printf("ボールペンの本数=");
        scanf("%d",&b);
        printf("人数=");
        scanf("%d",&n);
        h = ①
        a = ②
        printf("1人の本数=%d¥n",h);
        printf("残りの本数=%d¥n", ③ );
        return 0;
}
```

問8 次のプログラムは，直角三形の底辺 **tei** と高さ **tak** 入力して，斜辺 **sya** の長さを求めるものである。 ① ～ ③ に適するものを記入しなさい。

```c
#include <stdio.h>
#include <math.h>
int main(void)
{
        float tei,tak,sya;
        printf("底辺=");
        scanf("%f",&tei);
        printf("高さ=");
        scanf("%f",&tak);
        sya = ① ( ② + ③ );
        printf("斜辺=%f¥n",sya);
        return 0;
}
```

問9 次のプログラムは，ビルの距離 **y** とその地点からビルの最高点を見上げた時の角度 $\theta°$ を入力して，ビルの高さ **h** を求めるものである。 ① ～ ③ に適するものを記入しなさい。

```c
#include <stdio.h>
#include <math.h>
int main(void)
{
        float y,k,r,h;
        printf("ビルまでの距離=");
        scanf("%f",&y);
        printf("角度θ=");
        scanf("%f", ① );
        r = k*3.14159/180.0;
        h = y* ② ;
        printf("ビルの高さ=%f¥n", ③ );
        return 0;
}
```

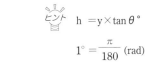

ヒント　$h = y \times \tan\theta°$

$1° = \dfrac{\pi}{180}$ (rad)

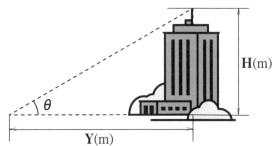

H(m)

θ

Y(m)

3. 分岐型プログラミング

計算結果や処理結果によって分岐先を変えて実行するプログラムでは **if文** を使用する。

例題

次のプログラムは，入力した値 **a** が **10 以上**のときは **a** の **2 倍**を計算し，**10 未満**のときは **a** の **3 倍**を計算するものである。 ⬚ の部分に適するものを記入して完成させなさい。

```
#include <stdio.h>
int main(void)
{
    int  a,b;
    ① ("%d", &a);
    if(a>=10){
        b=a*2;
    }
    else{
        b=a*3;
    }
    ② ("%d¥n", b);
    return 0;
}
```

```
開 始
  ↓
a を入力
  ↓
a>=10 ─No→ b ← a×3
  │Yes          │
  ↓             │
b ← a×2 ←───────┘
  ↓
b の出力
  ↓
終 了
```

解説

```
#include <stdio.h>

int main(void)

{

    int  a,b;

    scanf("%d", &a);

    if(a>=10){

        b=a*2;

    }

    else{

        b=a*3;

    }

    printf("%d¥n", b);

    return 0;

}
```

if 文

・変数 a が 10 以上のとき
    b＝a＊2 を実行する

・それ以外のとき
    b＝a＊3 を実行する

・条件式を (　) 内に書く。
また，
    条件成立時に
        実行する if 文 や
    不成立時に
        実行する else 文
はそれぞれ {　} ではさむ。

条件式

条件成立時に実行する文

条件不成立のときに実行する文

```
開 始
  ↓
a を入力          分 岐 型
  ↓
a>=10 ─No→ b ← a×3
  │Yes          │
  ↓             │
b ← a×2 ←───────┘
  ↓
b の出力
  ↓
終 了
```

解答 ① scanf　② printf

条件式には，演算子が用いられ，大小の比較などが行われる。

演算子には条件の判断により，関係演算子と論理演算子が使われる。

条件式で使用する演算子

	演　算	記　号	例	優先順位
関係演算子	未　満	＜	a ＜ b　→ a は b より小さい	1
	以　下	＜＝	a ＜＝ b → a は b より小さいか等しい	
	超える	＞	a ＞ b　→ a は b より大きい	
	以　上	＞＝	a ＞＝ b → a は b より大きいか等しい	
等価演算子	等しい	＝＝	a ＝＝ b → a と b は等しい	2
	等しくない	！＝	a ！＝ b → a と b は等しくない	
論理演算子	論理否定	！	！ x　→ x が偽ならば真	3
	論　理　積	＆＆	x ＆＆ y → x と y がともに真ならば真	
	論　理　和	｜｜	x ｜｜ y → x と y のどちらか真ならば真	

問1　次のプログラムは，2つの異なる数値 a，b を入力し，大きい数値を先に表示するものである。　①　～　③　に適するものを記入しなさい。

```c
#include <stdio.h>
int main(void)
{
    int a,b;

    printf("aを入力");
    scanf("%d",&a);
    printf("bを入力");
    scanf("%d",&b);
    if(  ①  ){
        printf("%d¥n",a);
        printf("%d¥n",b);
    }
      ②  {
        printf("%d¥n",  ③  );
        printf("%d¥n",a);
    }
    return 0;
}
```

問2　次のプログラムは，入力した2つの数値 a，b の大小関係を調べ，a が b より大きい場合，a と b の値を入れ替えて出力するものである。　①　～　③　に適するものを記入しなさい。

```c
#include <stdio.h>
int main(void)
{
    int a,b,dmy;

    printf("a=");
    scanf("%d",&a);
    printf("b=");
    scanf("%d",&b);
    if(  ①  ){
        dmy = a;
        a =   ②  ;
        b =   ③  ;
    }
    printf("a=%d b=%d ¥n",a,b);
    return 0;
}
```

問**3** 次のプログラムは，3 つの整数を入力して，その最小値を出力するものである。
① ～ ③ に適するものを記入しなさい。

```c
#include <stdio.h>
int main(void)
{
    int  a,b,c,m;

    printf("a=");
    scanf("%d",&a);
    printf("b=");
    scanf("%d",&b);
    printf("c=");
    scanf("%d",&c);
    ① ;
    if(m > b){
        ② ;
    }
    if(m > c){
        ③ ;
    }
    printf("最小=%d¥n",m);
    return 0;
}
```

問**4** 次のプログラムは，数値 n を入力し，その値が 70 以上の場合は OK と表示し，それ以外の場合は NG と表示するものである。
① ～ ③ に適するもの記入しなさい。

```c
#include <stdio.h>
int main(void)
{
    int  n;
    printf("数値入力:");
    ① ("%d",&n);
    if(n > = 70){
        printf(" ② ");
    }
    else{
        printf(" ③ ");
    }
    return 0;
}
```

問5　次のプログラムは，整数を入力し，その絶対値を求め表示するものである。
　① 〜 ③ に適するものを記入しなさい。

```
#include <stdio.h>
int main(void)
{
    int  n;

    printf("整数入力=");
     ① ("%d",&n);
    if(n ② 0){
         ③ = n＊(-1);
    }
    printf("絶対値は%d です。",n);
    return 0;
}
```

問6　次のプログラムは，入力した数値 s が偶数か奇数かを判別し，その結果を出力して終了するものである。① 〜 ③ に適するものを記入しなさい。

```
#include <stdio.h>
int main(void)
{
    int  s,d;

    printf("数値:");
    scanf("%d",&s);
    d= ① ;
    if(d ② 0){
        printf("偶数です。");
    }
     ③ {
        printf("奇数です。");
    }
    return 0;
}
```

参　考
a と b で割った余り x は，次の式で求めることができる
x = a％b

4. 繰返し型プログラミング

for 文による繰返し Ⅰ

次のプログラムは，1から5までの合計を求めるものである。□□□の部分に適するものを記入して完成させなさい。

```
#include <stdio.h>
int main(void)
{
    int  a, s;
    s=0;
    ①  (a=1;  a<=5;  a++){
        s=s+a;
    }
    ②  ("%d\n", s);
    return 0;
}
```

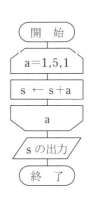

開　始
a＝1,5,1
s ← s＋a
a
s の出力
終　了

解説

```
#include <stdio.h>
int main(void)
{
    int  a, s;
    s=0;
    for(a=1;  a<=5;  a++){
        s=s+a;
    }
    printf("%d\n", s);
    return 0;
}
```

a を1〜5まで1つずつ変化させる

開　始

繰返し型

a＝1,5,1
s ← s＋a
a
s の出力
終　了

for 文…繰返し実行する。

セミコロン ; で区切って，3つの部分に分けて書く

for(a=1; a<=5; a++){
}

初期値の設定
繰返しの条件式
（条件が成立している間，繰り返す）
加算式

増分演算子と減分演算子

例	意　味
a++ または ++a	a に1を加える
a-- または --a	a から1を引く

例

for(x=1;x<=5;x++){
    printf("%d", x);
}
	出力文を5回繰り返す。
	1 2 3 4 5　と出力される。

for(s=1;s<=10;s=s+2){
    printf("%d", s);
}
	出力文を5回繰り返す。
	1 3 5 7 9　と出力される。

for(k=10;k>=6;k--){
    printf("%d", k);
}
	出力文を5回繰り返す。
	10 9 8 7 6　と出力される。

回数	行番号	変数 s	変数 a
1	20	0	1
	30	1	1
2	20	1	2
	30	3	2
3	20	3	3
	30	6	3
4	20	6	4
	30	10	4
5	20	10	5
	30	15	5

解答　① for　　② printf

問**1**　次のプログラムは，次のような実行結果を出力するものである。

　　　①　～　③　に適するものを記入しなさい。

```c
#include <stdio.h>
int main(void)
{
    int  k,m;
    for(k=  ①  ;k<=20;k=  ②  ){
        m=  ③  ;
            printf("k=%d m=%d\n",k,m);
    }
     return 0;
}
```

実行結果	
k=0	m=0
k=5	m=25
k=10	m=100
k=15	m=225
k=20	m=400

問**2**　右の表は，次のプログラムを実行し，出力結果をまとめたものである。

　　　表の　①　～　③　に適するものを記入しなさい。

```c
#include <stdio.h>
int main(void)
{
    int  i,j,k;

    j=0;
    k=3;
    for(i=0;i<3;i++){
        j=j+(i*k-1);
        printf("i=%d j=%d\n",I,j);
    }
    return 0;
}
```

出力回数	出　力　結　果	
1回目	i=0	j= ①
2回目	i=1	j= ②
3回目	i= ③	j=6

問**3** 次のプログラムは，**n** を入力して，**1** から **n** までの整数を合計して出力するものである。
① ～ ③ に適するものを記入しなさい。

```
#include <stdio.h>
int main(void)
{
    int  total,n,k;
    total = 0;
    printf("n=");
    scanf("%d",&n);
    ①  (k = 1;k < = n;k++){
        total = total + ②
    }
    printf("合計=", ③ );
    return 0;
}
```

問**4** 次のプログラムは，**2** から **100** までの偶数の和を計算して出力するものである。 ① ～ ③
に最も適するものを記入しなさい。

```
#include <stdio.h>
int main(void)
{
    int  m,wa ;
    ①  (m = 2 ; m < 1 0 0 ; ② ) {
        wa = ③  ;
    }
    printf("wa=%d¥n",wa);
    return 0;
}
```

問5　次のプログラムは，**n** 個のデータを入力し，合計 **sum** と平均 **avg** を求めて出力するものである。
①　〜　③　に適するものを記入しなさい。

```
#include <stdio.h>
int main(void)
{
        int  n,k;
        float d,sum,avg;
        sum=0.0;
        printf("データ数の入力");
        scanf("%d",&n);
        for(k=1;k<=  ①  ;k++){
            printf("データの入力");
              ②   ("%f",&d);
            sum=sum+  ③  ;
        }
        avg=sum/(float)n;
        printf("合計＝%f¥n",sum);
        printf("平均＝%f¥n",avg);
        return 0;
}
```

問6　次のプログラムは，数値 **n** を入力して，**n** の階乗（**1×2×3×…×n**）を求めて表示するものである。
プログラム中の　①　〜　③　に適するものを記入しなさい。

```
#include <stdio.h>
int main(void)
{
    int n,a,c ;
    printf("数を入力");
      ①   ("%d",&n);
    a=1;
    for(c=2 ; c  ②  n ; c++) {
        a=  ③  ;
    }
    printf("階乗は%d¥n",a);
    return 0;
}
```

例題2 ─────── **for 文による繰返し Ⅱ** ───────

次のプログラムは，5人の身長データを入力し，160cm 以上の人数を数え，その数を出力するものである。 ① ～ ③ に適するものを記入しなさい。

```c
#include <stdio.h>
int main(void)
{
    int  c,k,h;

    c=0;
    ①  (k=1;k<=5;k++){
        printf("身長データ");
        scanf("%d",&h);
        if(h  ②  160){
            c=c+1;
        }
    }
    printf("%d¥n",  ③  );
    return 0;
}
```

解説

```c
#include <stdio.h>

int main(void)

{

    int  c,k,h;

    c=0;

    for (k=1;k<=5;k++){

        printf("身長データ");

        scanf("%d",&h);

        if(h >= 160){

            c=c+1;

        }

    }

    printf("%d¥n",c);

    return 0;

}
```

c, k, h を int 型整数として宣言する

身長のデータ h を入力

C (人数)に 0 を代入し，処理の準備

K を 1～5人まで 1 つずつ変化

開　始

c ← 0

繰返し処理

k=1,5,1

h を入力

h≧160 No（小さいとき）

Yes（大きいとき）

c ← c+1

分岐処理

k

c の出力

終　了

160cm より**大きいとき**
⇨ 人数が1人増える（**YES**）
160cm より**小さいとき**
⇨ 人数は増えない（**NO**）

解答　① for　② ≧　③ c

問1　次のプログラムは，数値 n を読み取り，n が奇数ならば「奇数」，偶数ならば「偶数」と表示する処理を5回繰り返すものである。　①　〜　③　に適するものを記入しなさい。

```c
#include <stdio.h>
int main(void)
{
    int  k,n,a;
    for(k=0 ;k<5;k++){
        printf("数を入力");
        scanf("%d",&n);
        a=  ①  ;
        if(a==1){
            printf("  ②  ¥n");
        }
        else{
            printf("  ③  ¥n");
        }
    }
    return 0;
}
```

問2　次のプログラムは，整数データをチェックするものである。入力された値が 128 以上の場合は「エラー」と出力し，データ入力終了後にエラーの個数を出力する。　①　〜　③　に最も適するものを記入しなさい。なお，データの個数は 10 とする。

```c
#include <stdio.h>
int main(void)
{
    int  d,c,m ;

    c = 0;
    for(m=0;m<10;m++){
          ①    ("%d",&d);
        if(d>=  ②  ){
            printf("エラー¥n");
             c = c+1;
        }
    }
    printf("エラーの個数%d¥n",  ③  );
    return 0;
}
```

問**3**　次のプログラムは，100m走のタイムを10人分入力し，一番速いタイムを出力するものである。
①　～　③　に適するものを記入しなさい。

```c
#include <stdio.h>
int main(void)
{
    int  k;
    float  t,f;

    printf("タイム=");
    scanf("%f",&t)
    f =   ① ;
    for(k=  ② ;k<=10;k++){
        printf("タイム=");
        scanf("%f",&t);
        if(f   ③   t){
            f=t;
        }
    }
    printf("一番速いタイム=%f\n",f);
    return 0;
}
```

問**4**　次のプログラムは，整数を20個入力し，正の値の合計を求め，出力するものである。
①　～　③　に適するもの記入しなさい。

```c
#include <stdio.h>
int main(void)
{
    int  k,n,gou;

    gou =   ① ;
    for(k=1;k<=20;k++){
        printf("整数値=");
        scanf("%d",&n);
        ②   (n>0){
            gou =   ③ ;
        }
    }
    printf("合計=%d\n",gou);
    return 0;
}
```

C言語　模擬試験　I

1　次のプログラムの実行結果を答えなさい。

```
#include <stdio.h>
int main(void)
{
    int a, b, c;

    a =10 ;
    b =6 ;
    c =4 ;
    a =a+b;
    b =b*c;
    c =b+a/c;
    printf("a=%d¥n b=%d¥n c=%d¥n", a, b, c);

    return 0;
}
```

実行結果

a =	①
b =	②
c =	③

2　次のプログラムは，直角三角形の2辺 a，b の長さを入力し，斜辺 c の長さと面積 s を求めるものである。
プログラム中の　①　〜　③　に適するものを答えなさい。

```
#include <stdio.h>
#include <math.h>
int main(void)
{
    float a, b, c, s;

    printf("直角三角形の2辺a,bを入力¥n");
    printf("辺a =") ;
    ①  ("%f", &a) ;
    printf("辺b =") ;
    ①  ("%f", &b) ;
    c = ② (a*a+b*b) ;
    s = ③ /2.0 ;
    printf("斜辺c =%f¥n", c);

    printf("面積s =%f¥n", s);

    return 0;
}
```

参考

$$c = \sqrt{a^2 + b^2}$$

3　次のプログラムは，2つの整数a，b を入力し，等しいか，等しくないかを出力するものである。
プログラム中の　①　〜　③　に適するものを答えなさい。

```
#include <stdio.h>
int main(void)
{
    int a, b;

    printf("一つ目の整数を入力：a =") ;
    scanf("%d", &a) ;
    printf("二つ目の整数を入力：b =") ;
    scanf("%d", &b) ;
    if (a  ①  b) {
        ②  ("等しい¥n") ;
    }
    ③  {
        ②  ("等しくない¥n") ;
    }

    return 0;
}
```

4　次のプログラムは，n 個の正の整数を入力し，一番大きい整数 max を調べて，出力するものである。
プログラム中の　①　〜　③　に適するものを答えなさい。ただし，n は1個以上とする。

実行結果(例：3個の場合)

```
入力する整数の個数 =3
1個目の整数 =5
2個目の整数 =1
3個目の整数 =3
一番大きい整数 =5
```

```
#include <stdio.h>
int main(void)
{
    int i, n, num, max;

    max =0 ;
    printf("入力する整数の個数=") ;
    scanf("%d", &n) ;
    for (i=1 ; i<= ①  ; i++) {
        printf("%d個目の整数=", ② )
        scanf("%d", &num) ;
        if (num ③  max) {
            max = num;
        }
    }
    printf("一番大きい整数=%d¥n", max)

    return 0;
}
```

C言語　模擬試験　Ⅱ

1　次のプログラムの実行結果を答えなさい。

```c
#include <stdio.h>
int main(void)
{
    int a, b;

    b = 3;
    for (a = 4 ; a >= 1 ; a--) {
        b = b + a;
        printf("a=%d b=%d¥n", a, b);
    }

    return 0;
}
```

実行結果

```
a=4  b=7
a=3  b= ①
a=2  b= ②
a=1  B= ③
```

2　次のプログラムは，単価 100 円のたい焼きの購入個数を入力して，購入金額を計算し出力するものである。
　　プログラム中の ① ～ ③ に適するものを答えなさい。
ただし，消費税率は，持ち帰りなら 8 [%]，店内飲食なら 10 [%]とする。

```c
include <stdio.h>
nt main(void)
{
    int kosuu, tanka, t, kin;

    tanka = ① ;
    printf("購入個数を入力");
    scanf("%d", &kosuu);
    printf("持ち帰りなら「0」を, 店内飲食なら「1」を入力");
    scanf("%d", &t);
    if (t == 0) {
        kin = tanka * kosuu * (1 + ② );
    }
    else {
        kin = tanka * kosuu * (1 + ③ );
    }
    printf("購入金額は, %d 円です。¥n", kin);

    return 0;
}
```

3　次のプログラムは，40 人分の 100m 走のタイムを入力し，平均タイムを計算し出力するものである。
プログラム中の ① ～ ③ に適するものを答えなさい。

```c
#include <stdio.h>
int main(void)
{
    float t, sum, avg;
    int i;

    sum = 0.0;
    printf("40 人分のタイムを入力¥n");
    for ( ① ; i <= 40 ; i++) {
        ② ("%f", &t);
        ③ = sum + t;
    }
    avg = sum / 40.0;
    printf("平均タイムは%f 秒です。¥n", avg);

    return 0;
}
```

4　次のプログラムは，整数 n を入力し，n の階乗(n!)を計算し出力するものである。プログラム中の ① ～ ③ に適するものを答えなさい。
ただし，負の整数が入力されたらエラーを出力するものとする。

参考
```
n!=1×2×…×(n-2)×(n-1)×n
5!=1×2×3×4×5=120
0!=1
```

```c
#include <stdio.h>
int main(void)
{
    int i, n, fact;

    fact = ① ;
    printf("n を入力");
    scanf("%d", &n);
    if (n ② 0) {
        printf("負 の整数は, エラーです。¥n");
    }
    else {
        for (i=1 ; i <= ③ ; i++) {
            fact = fact * i;
        }
        printf("%d! =%d¥n", n, fact);
    }

    return 0;
}
```

C言語　模擬試験 Ⅲ

1 次のプログラムは，半径 R を入力して，面積 S と円周 X を求めるものである。

プログラム中の ① ～ ③ に適するものを答えなさい。

ただし，円周率は **3.14** とする。

```c
#include <stdio.h>
int main(void)
{
    float  r, s, x;

    printf("半径 r =")
    ①  ("%f", ② ) ;
    s =3.14*r*r ;
    x=2*3.14*r ;
    ③  ("面積 s ="%f¥n", s) ;
    ③  ("円周 x ="%f¥n", x) ;

    return 0 ;
}
```

2 次のプログラムの実行結果を答えなさい。

```c
#include <stdio.h>
int main(void)
{
    int a, b, c, work ;

    b=4 ;
    c=6 ;
    a=b ;
    b=2*a-2 ;
    if (b >= c) {
        c=2*c ;
    }
    else {
        c=c+a) ;
    }
    work=a ;
    a=b ;
    b=work ;
    printf("a=%d¥n", a) ;
    printf("b=%d¥n", b) ;
    printf("c=%d¥n", c) ;

    return 0 ;
}
```

実行結果

a=	①
b=	②
c=	③

3 次のプログラムは，初速度 V_0 [m/s] でボールを垂直に投げた時，投げてから **6** 秒後まで **1** 秒ごとにボールの位置を計算し，表示するものである。 プログラム中の ① ～ ③ に適するものを答えなさい。

参 考

> 初速度 V_0 [m/s]，重力加速度 $g = 9.8$ [m/s^2]，時刻を t[s] とすると，垂直に投げたボールの位置 y[m] は，次式となる。　$y = V_0 t - \dfrac{1}{2} g t^2$

```c
#include <stdio.h>
int main(void)
{
    int t ;
    float  y, v0, g;

    g=9.8 ;
    printf("初速度 v0 =") ;
    scanf("%f", ① ) ;
    for  (t=0 ; t<= ② ; ③ ) {
        y =v0*t-g*t*t/2 ;
        printf("時刻 t=%d 秒後　ボールの位置 y =%f メートル¥n", t, y) ;
    }

    return 0 ;
}
```

4 次のプログラムは，正の整数を 10 個入力し 2 の倍数の個数を表示するものである。
プログラム中の ① ～ ③ に適するものを答えなさい。
ただし，**a%b** は **a** を **b** で割ったときの余りを求める演算である。

```c
#include <stdio.h>
int main(void)
{
    int num, i, m, cnt;

    cnt= 0 ;
    for  (i=0 ; i < 10 ; i++)  {
        printf("正の整数を入力してください。") ;
        scanf("%d", &num) ;
        m = num % | ① |
        if ( | ② | ) {
            | ③ | = cnt+1 ;
        }
    }
    printf("2 の倍数は , %d 個です。", cnt) ;

    return 0 ;
}
```

Full BASIC・C言語対応

情報技術検定試験　3級テキスト

◇◇◇

2008 年　2 月 20 日　　第 1 版 1 刷 発 行
2023 年　10 月 1 日　　第 6 版 2 刷 発 行

Ⓒ著　者　　資格試験研究会

発行者　　伊 藤 由 彦

印刷所　　株式会社　太洋社

発行所　　株式会社　梅田出版

〒530－0003　大阪市北区堂島 2 丁目 1－27

TEL　（06）4796－8611
FAX　（06）4796－8612